U0309476

在轨服务任务智能规划研究

刘冰雁　叶雄兵　高　勇　方胜良　著

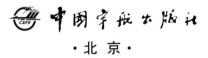

中国宇航出版社

·北京·

图书在版编目（CIP）数据

在轨服务任务智能规划研究 / 刘冰雁等著 . -- 北京：中国宇航出版社，2021.12

ISBN 978 - 7 - 5159 - 1949 - 2

Ⅰ.①在… Ⅱ.①刘… Ⅲ.①航天器－飞行控制 Ⅳ.①V448.2

中国版本图书馆 CIP 数据核字（2021）第 131869 号

| 责任编辑 | 彭晨光 | 封面设计 | 宇星文化 |

出　版
发　行　　中国宇航出版社

社　址　北京市阜成路 8 号　　　　邮　编　100830
　　　　　（010）60286808　　　　　　（010）68768548
网　址　www. caphbook. com
经　销　新华书店
发行部　（010）60286888　　　　　　（010）68371900
　　　　　（010）60286887　　　　　　（010）60286804（传真）
零售店　读者服务部
　　　　　（010）68371105
承　印　天津画中画印刷有限公司
版　次　2021 年 12 月第 1 版　　　　2021 年 12 月第 1 次印刷
规　格　880×1230　　　　　　　　开　本　1/32
印　张　8　彩　插　12 面　　　　　字　数　230 千字
书　号　ISBN 978 - 7 - 5159 - 1949 - 2
定　价　68.00 元

前　言

随着对空间研究、开发与应用能力的不断提升，各国相继研制并发射了大量面向各种任务要求的航天器。在轨服务作为确保各航天器在复杂空间环境持久、稳定运行的重要手段，已成为目前航天技术领域的重要发展方向。在轨服务建立在航天科技高度发展的基础之上，具有服务对象高度分散、服务手段高端密集、服务方式精准高效等特点。随着各项在轨服务任务突发性特征日益凸显，对任务规划的时效性、资源约束性以及自主性要求也越来越高。自动化和智能化是在轨服务任务规划技术发展的必然选择，国际空间在轨服务的运营实践表明了这一点。为了进一步满足任务规划贯穿在轨服务全过程这一实际需求，更好地处理这样一类持续周期长、情况类型不均的任务规划问题，本书结合在轨服务技术发展和突出风险处置需求，探索了人工智能先进技术应用于在轨服务任务规划的方式方法，通过理论研究与仿真实验相结合的途径，为在轨服务提供科学的规划手段，为解决其他领域任务规划问题提供借鉴。

本书在紧跟国际研究前沿和自主创新成果的基础上撰写完成，系统地阐述了在轨服务任务智能规划的基本概念和原理、基础理论和方法、数学模型和算法、案例仿真及结果。全书共分为7章。第1章为绪论，阐述基本概念，概述技术发展，剖析研究现状。第2章面向在轨服务全过程，在对在轨服务任务规划过程进行分析的基础上，进行需求分析并明确本书重点，介绍一种运用智能方法来构建在轨服务任务规划的研究框架。第3章针对服务对象众多、分散，而在轨服务力量有限这一现状，以智能规划研究框架为依托，面向事前规划情况处置需求，满足复合服务模式特征，发挥 Deep Q Networks 前向传输和反向训练的自主运算优势，以用于解决航天器在轨目标分配问题，介绍一种复合服务模式下在轨目标分配方法。第 4 章针对空间碎片威胁而规避不及时这一突出风险，面向临时规划情况处置需求，发挥人工势场法运算迅速、实时规避等优势，以用于解决航天器轨道临时规避路径规划问题，介绍一种航天器轨道临时规避路径规划方法。第 5 章针对目标非合作而均衡策略难获取这一突出问题，面向实时规划情况处置需求，将动态博弈与最优控制相结合以有效解决航天器轨道博弈问题，介绍一种航天器轨道博弈实时规划方法。第 6 章面向在轨服务任务智能规划研究实际应用，开展任务规划系统设计，进行任务规划系统案例仿真分析，检验本书智能规划方法的可行性和有效性。第 7 章展望，总结本书主要工作和下一步研究方向。

　　本书的研究工作得到了军事科学院、航天工程大学、中国空间技术研究院等单位众多领导的关心，得到了司光亚、张明智、于小红、熊伟、张雅声、岳智宏、王新波、刘必鎏、刘小荷、周赤非、董献洲、宋旭民、贾珺等专家领导的指导。同时，马军伟、刘海强、刘宇辰、赵永胜、蔡宗宝、李悦、宋家乾、李亚东等单位领导给予了大力支持，军事科学院博士刚建勋、于鸿源、马心意、施展等参与了相关研究工作，王雯雯、辛江、张其扬、董芳、房莹、张颂、王涛、万康、尹文浩、张锴、王树声等提出了宝贵意见，在此一并向他们表示感谢。

　　本书的出版有幸得到中国科学院周志鑫院士的关心和支持，在此深表谢意。

　　由于作者水平有限，书中难免有不妥之处，敬请读者批评指正。

作 者

2021 年 12 月于北京

目　录

第1章 绪 论

1.1 在轨服务任务规划的研究背景

"明者防祸于未萌,智者图患于将来。"[①] 前瞻太空技术发展就是把握未来太空制胜之道,抢占航天技术前沿就是打造赢得太空优势的利器。放眼今日之外层空间[②],"星座"环行、"天眼"布设,人类航天正全面进入在轨服务的时代,在轨服务技术将成为 21 世纪航天发展的重要标志,并将对太空活动产生广泛而深远的影响[1]。

自 1957 年人类发射第一颗航天器,60 余年来各类不同用途的航天器不断发射入轨,在导航、气象、通信等方面发挥了不可替代的作用。纵观航天事业的蓬勃发展,虽然至今人们进入和利用太空的能力已经取得了长足进步,但长期存在的航天高费用、高风险、"一次定终身"等问题并没有得到根本解决,使得费用和风险等因素一直影响和制约着人类航天事业的长期可持续发展[1]。这些投资数亿乃至数十亿元的在轨航天器受所携带燃料以及部件老化等因素的限制,生命极为脆弱,或许一次意外便会使其服役生涯终止。这些问题的出现主要集中体现在以下两个方面:一是航天器在轨使用的一次性特征明显。目前大多数航天器自发射入轨直至服役结束,其间

---

① 2016 年 1 月 18 日,习近平总书记在省部级主要领导干部学习贯彻党的十八届五中全会精神专题研讨班上引用了《三国志》中的"明者防祸于未萌,智者图患于将来",并指出:我们必须积极主动、未雨绸缪,见微知著、防微杜渐,下好先手棋,打好主动仗,做好应对任何形式的矛盾风险挑战的准备。

② 外层空间,于 1957 年 1 月 20 日由美国第 34 任总统德怀特·戴维·艾森豪威尔(1890 年 10 月 14 日—1969 年 3 月 28 日)首次提出,第一次使用"外层空间"这一概念,随后又出现"太空"等名称并作为法律术语出现在国际空间立法中。

硬件难以再升级再更新，若需要更新换代，只能再发射新的航天器入轨。二是在轨航天器可维修性差。航天器对技术可靠性要求较高，但生存能力弱，目前缺乏有效的维护保障手段，任何一点故障的出现，均可能导致整个航天器的失效或报废。在这样的大背景下，在轨服务逐渐被重视，成为航天领域发展的前沿与热点。

早期的在轨服务任务主要是有人在轨服务。20 世纪 80 年代初，随着航天飞机成功上天，美国航天员基于此平台进行了在轨服务技术验证，使得有人在轨服务得到了大力发展。美国先后进行了太阳峰年任务卫星的在轨维修和哈勃空间望远镜的在轨维修等任务，体现了在轨服务的巨大经济效益。有人在轨服务有其独特优点，但需要人直接参与操作，风险较高。无人自主在轨服务因其低风险、低成本等优势逐渐成为各航天大国的研究重点，尤其是近年来任务规划相关技术的快速发展，为自主在轨服务提供了有效的技术支撑。

任务规划是运用辅助工具对航天器在轨服务进行筹划计算的活动，是无人自主在轨服务中的重要科学手段。现实中的在轨服务，具有前兆不充分、信息高度缺失、紧迫性强等特点，这些特点决定了其任务规划与常规性任务规划不同。为此，在轨服务任务规划，需从全局着眼，从细处入手，审慎思考、周密筹划、科学规划，方能实现"运筹于帷幄之中，决胜于千里之外"。

近年来，人工智能技术的飞跃式发展为智能规划的进一步实现提供了新的可能。在轨服务任务智能规划，则是在轨道动力学、轨道设计的基础上，将运筹分析、人工智能理论和方法注入其中，并将其与规划、建模、仿真等现代技术支持手段相结合，是智能化趋势下形成的任务规划技术，必将成为在轨服务的一种重要形式和组成部分，符合自主在轨服务技术研究的发展趋势。

1.2 在轨服务任务规划的相关概念

任何理论必须首先澄清杂乱的、可以说是混淆不清的概念和观念。只有对名称和概念有了共同的理解，才可能清楚并顺利地研究问题，才能同读者站在同一立足点。如果不精确地确定它们的概念，就不可能透彻地理解它们内在的规律和相互关系[2]。因此，研究在轨服务任务规划问题，必须首先明确在轨服务、任务规划等相关概念，以此统一认识，从而推进方法技术研究的深入。

1.2.1 在轨服务

在轨服务（On – Orbit Servicing，OOS）是指在空间通过人、机器人或两者协同，完成延长在轨航天器寿命、扩展在轨航天器功能、提升在轨航天器性能的航天工程活动[1]。在轨服务作为增强航天器性能、延长航天器寿命、降低费用和风险、减少废旧航天器数量等的有效手段，主要包括在轨装配、在轨维护和后勤支持三类，内容涵盖轨道转移、在轨组装、空间碎片清理等广阔领域。

在轨服务通过机械臂、空间机器人与相关人员的协同操作可以完成对空间目标的装配、维护、捕获以及其他空间任务，进而达到重置在轨系统、延长目标在轨寿命、提高目标操作能力、维护空间环境等目的。航天器在轨维护与升级、在轨装配、在轨燃料加注、在轨观测、空间交会对接、非合作目标在轨抓捕与清除等在轨服务能够为航天器的在轨运行与任务执行提供新的技术与理念，具有如下应用前景与优势[3]：

（1）延长航天器的在轨寿命

通过对航天器燃料、电池等消耗品进行补给、更换升级失效部件、清理空间垃圾等操作，可以有效地延长航天器的在轨工作寿命，同时将提高航天器在轨运行的安全性。

（2）提高航天器载荷的可用性

当航天器载荷失效时，可以通过对失效部件进行在轨维护，恢复载荷功能，以提高空间载荷的时效性和灵活性。

（3）增加航天器部件的可扩展性

由于体积和重量的限制，通过一次运载无法对带有大型设备的航天器进行整体发射。因此，可以通过多次发射功能模块，并利用在轨装配实现航天器的完整配置，使航天器具有较好的可扩展性。

（4）实现对非合作目标的捕获

由于当前航天任务的增加，废弃航天器形成的太空垃圾越来越多，在轨服务技术可以实现对太空垃圾等非合作目标的捕获，捕获后的非合作目标可用于在轨重组、返回地面再次使用或作为太空垃圾进行再次拆解。

（5）降低任务周期费用

通过在轨更换与升级，避免了卫星部分部件的冗余配置，使得设计与制作成本降低，同时，系统部件的分解发射与装配也可以降低整星发射的成本。除此之外，通过对多星任务中失效卫星的在轨维修，将避免卫星重新发射更换，进一步降低任务系统的成本并提高可靠性。

（6）提高在轨系统任务的灵活性与能力

航天器通常是针对特定任务进行设计的，对完成任务或者技术性能降低的航天器，通过在轨升级与维护，可以使航天器具有更好的工作性能且可以执行新的空间任务，以保证航天器的技术先进性与灵活性。

随着航天技术的不断进步，应用于故障或失效航天器的维护、太空垃圾的清理等领域的在轨服务技术得到了迅速发展，并且显示出广泛的应用前景。这些在空间目标近距离范围内进行的在轨服务，其服务目标可以分为合作（cooperative）目标和非合作（uncooperative）目标。其中，对于合作目标的在轨服务技术发展较为成熟，以空间站应用和交会对接为代表的面向合作目标的在轨服务技术，如国际空间站、我国的神舟系列飞船与天宫对接等，已经日臻成熟并取得了巨大的经济和社会效益。但由于空间绝大多数在轨航天器均属于非合作目标，无法提供合作信息，这将限制合作目标在轨服务技术的适用范围。非合作目标是不具有合作标志器、无法提供有效信息的服务目标，其非合作特征主要包括无预先布设的合作标志、无先验信息、无法对其进行控制、无法与其进行通信等，而这些因素都是实现对接及捕获的关键，直接关系到空间操作任务成功与否，极大地增加了问题的复杂程度。

未来的许多在轨服务任务，诸如对失效翻滚卫星进行修理、主动清除空间碎片、抓取失效卫星等，其服务目标都具有极强的非合作性或目标特性完全未知。轨道机动段和服务实施段是航天器在轨服务中关键的阶段，也是非合作目标近轨道操作与传统交会对接活动产生巨大区别的阶段。面向非合作目标的在轨服务任务规划研究具有重大的现实意义。

1.2.2 任务规划与智能规划

任务规划一词源于英文"mission planning"，是舶来词，有学者从运筹学的角度将"任务规划"一词释义为：任务规划是任务筹划过程中需要运用科学规划方法明确具体事项的关键环节，是对资源、空间、任务以及任务执行过程进行科学配置、优化和选择，是将做什么、如何做、谁来做进行具体化[4]。

任务规划是在目标和资源明确的条件下，综合考虑各种需求和约束，规划出从初始状态到目标状态的一组可被各实体直接执行的行动（或行为）序列，并使执行结果尽可能好地实现任务目标[5]。因此，在轨服务任务规划，主要是将在轨服务目的、力量资源和太空环境等映射到统一的数学空间，运用相关理论、数学工具及计算机技术，在资源条件、运行规则和价值取向约束下，按照一定目标准则对力量资源、轨道机动和服务实施等进行科学计算，规划出目标分配策略、轨道机动路径和服务实施方案等。在轨服务任务规划的目标是通过全局运筹、科学计算，充分利用在轨力量资源，实现在轨服务的最大效能，为地面指控中心以及航天器在轨决策提供有效的辅助决策支持。

智能规划概念源于人工智能，是人工智能技术在任务规划领域的应用，其主要思想是：对周围环境进行认知与分析，根据预期实现的目标，运用智能方法对若干可供选择的动作及所提供的资源限制实施推理，综合制定出一个合理的、能够实现目标的实施策略或方案[6]。智能规划是人工智能领域中的一个重要研究领域，也是一门涵盖多个领域的交叉性学科，包括知识表示与推理、人机交互和认知科学等。该技术已经在工业调度领域、航空领域、机器人控制领域等多方面展现了巨大的应用前景。据此，本书所涉及的智能规划，主要是指运用相关智能方法来解决若干任务规划问题，是对最新人工智能技术改造、运用于任务规划问题的一种全新探索。

由此，在轨服务任务智能规划，将根据服务任务和在轨航天器平台性能，运用智能方法对若干可供选择的资源分配、轨道机动以及服务行动开展自主推理，相应形成科学、合理、可行的策略及方案。

1.3　在轨服务技术发展概况

自 20 世纪 50 年代末以来，航天技术发展深刻改变了人类生活，逐渐发展成为与人类生存、发展关系密切的一个新领域。在轨服务作为先进航天技术的重要应用领域，始于苏联对空间站的补给任务，随后在苏联宇宙飞船和美国航天飞机等航天工程中得到特别关注，经过半个多世纪的发展，各国都结合具体的航天任务对在轨服务进行了一系列的探索与试验。

航天领域的高风险、高投入特性，使得其成本与收益的平衡受到格外重视。在轨服务在航天领域的应用前景主要体现在以下五个方面：

1）通过在轨服务直接针对故障问题进行维修，能够大大降低整星替换的成本，提升航天器在轨的运行可用性。

2）通过在轨服务进行组件更换或推进剂补给，对在轨航天器进行更新升级，保持航天器在轨服役的灵活性和技术先进性。

3）通过在轨服务实现在轨组装与配置，提升在轨航天器的任务执行能力，提高航天器的可扩展性。

4）通过在轨服务对在轨航天器的失效或陈旧组件进行替换或升级，对耗费品进行补给，延长在轨航天器的工作寿命，维持在轨航天器的最佳运行状态，从而提高航天器的安全性。

5）通过在轨服务进行在轨更换和升级，从而降低航天器前期设计和制造的难度、周期和成本，降低全寿命周期成本与费用。

早在 20 世纪 60 年代中期，以航天员出舱活动为标志，"在轨服务"便有了雏形。20 世纪 60 年代，美国和苏联首先对"在轨服务"概念及技术开展了深入研究，80 年代初，在美国"挑战者"号任务中，航天员运用机械臂成功捕获故障卫星并开展维修操作，演示了在轨服务的可行性，90 年代，美国先后对太阳峰任务卫星和哈勃空间望远镜进行了在轨维修，通过具体项目推进相关服务技术的发展与研究，90 年代以后，美国以国际空间站的在轨组装与维护为代表，使得在轨服务技术走向成熟。回顾在轨服务发展历程（见图 1-1），从在轨服务概念提出至今，各国对在轨服务的研究与发展从未停止。经过 50 多年的不断发展与突破，美国和俄罗斯等航天大国在在轨服务研究方面积累了丰富而又成熟的经验，并取得了一系列举世瞩目的成就。

近年来，各国（地区）持续推进在轨服务项目研究，主要涉及辅助变轨、碎片移除、在轨燃料加注与延寿、在轨装配和在轨维修与升级等方面。其中，美国重点关注在轨装配、在轨燃料加注任务与相关技术，欧洲重点关注低地球轨道（LEO）碎片移除任务与相关技术，日本、德国等依托自身先进的机械臂技术开展在轨服务项目。

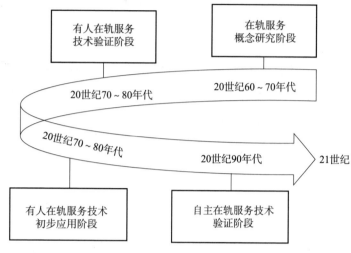

图 1-1　在轨服务主要发展历程

1.3.1　碎片移除

　　航天技术的发展及应用在为全球发展带来巨大效益的同时，也随之带来了太空垃圾、空间碎片等问题。随着空间活动的发展，空间碎片大爆发的危机也在临近[7]。空间碎片又称空间垃圾，1999 年联合国《空间碎片技术报告》中关于空间碎片的完整定义是：空间碎片是指位于地球轨道或重返稠密大气层不能发挥功能而且没有理由指望其能够发挥或继续发挥其原定功能或经核准或可能核准的任何其他功能的所有人造物体包括其碎片及部件，无论是否能够查明其拥有者。

　　自 1957 年苏联发射第一颗人造卫星以来，截至 2021 年 1 月 1 日，人类共进行了一万余次航天发射活动，把 9 000 余颗航天器送入地球轨道，全球在轨卫星共计 3 372 颗。在所有已发射的航天器中，只有 2 000 多颗航天器在正常工作，其他绝大部分因丧失功能而成为空间垃圾。截至 2020 年年底，美国空间监测网（Space Surveillance Network，SSN）编目 10 cm 以上在轨废弃物数量已超过 2 万个，这些编目内的在轨废弃物数量仅占碎片总量的 0.02%。而无法编目的微小废弃物重量已达几千吨，数量超过 10 亿个[8]。人类的太空活动已经造成了大量的空间碎片[9]。它们在空间轨道长期高速运行，如果不加干预，对空间飞行器和空间活动的威胁将日益严重[10]。如何减缓空间碎片对在轨航天器的不利影响，已经成为摆在世界各国，特别是各航天大国面前的突出问题。

为应对加速到来的低轨碎片"雾霾式大爆发"可能带来的"凯斯勒效应"，各航天大国和国际社会都将进一步关注空间碎片问题，加大应对空间碎片危机的措施。这些措施包括空间碎片的监测、预警、防护、减缓和移除等多个方面，其中最重要的当属碎片移除[7]。碎片移除，主要是使用航天器捕获在轨的非合作空间碎片，并将其快速移至目标轨位或地球大气层燃烧消除的服务。针对空间碎片的特殊几何特性和运动特性，国内外发展了多种技术手段，根据施加作用力的不同，大致可分为推移离轨、增阻离轨和抓捕离轨三类[11]，如图 1-2 所示。抓捕离轨方式如图 1-3 所示，通过对每种手段的归纳分析，将各种手段归纳总结见表 1-1。

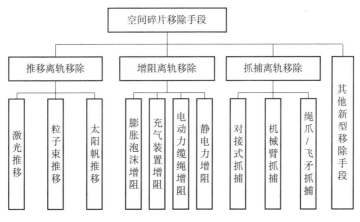

图 1-2 空间碎片移除手段分类

图 1-3　碎片移除中的抓捕离轨移除方式

表 1-1　各种碎片移除手段归纳总结

碎片移除手段		轨道高度范围	移除目标	应用前景
推移离轨移除	激光推移	LEO(地基\机载)	1～10 cm	较高
	粒子束推移	LEO、MEO、GEO (天基)	>20 cm	较高
	太阳帆推移	LEO、MEO、GEO	>10 cm	较高
增阻离轨移除	膨胀泡沫增阻	LEO	>10 cm	较高
	充气装置增阻	LEO	>10 cm	较高
	电动力缆绳增阻	LEO	1～10 nm	一般
	静电力增阻	LEO	<10 cm	低
抓捕离轨移除	对接式抓捕	LEO、MEO、GEO	0.1～1 m	高
	机械臂抓捕	LEO、MEO、GEO	0.1～1 m	高
	绳爪/飞矛抓捕	LEO、MEO、GEO	0.1～1 m	高

　　随着太空碎片数量的不断增加，空间碰撞概率大大提升，空间环境更加恶劣，轨道资源越来越稀缺，急需在轨服务对失效卫星和空间碎片等进行离轨、移除等处理。目前，世界各航天强国均在大

力发展碎片移除项目，如欧洲空间局的"欧洲离轨"（e. Deorbit）项目、德国的"德国在轨服务"（DEOS）项目、瑞士的"太空清理-1"（CSO - 1）项目以及日本的"空间碎片微型清理器"（SDMR）项目等[12]。

"欧洲离轨"（e. Deorbit）是 2012 年欧洲空间局（ESA）提出的移除低轨大型空间碎片的工程项目，验证低轨碎片移除技术，是一项使用在轨航天器捕获 800～1 000 km 近地轨道/太阳同步轨道（SSO）上的属于欧洲空间局的非合作大型空间碎片，并将其快速移至地球大气层燃烧消除的在轨服务任务。

"德国在轨服务"（DEOS）包括服务卫星与客户卫星两部分，服务卫星能够利用专用的抓捕机构捕获滚转的非合作客户卫星，是 2007 年德国航空航天中心（DLR）在"空间系统演示验证技术卫星"（TECSAS）项目的基础上，重新定位任务目标，提出的后续自主处理故障卫星技术演示项目。

"太空清理-1"（CSO - 1）项目是为解决缺少非合作目标位置信息、难以探测的问题，由瑞士 2012 年正式启动的一项在轨碎片移除试验项目，旨在离轨"瑞士立方体小卫星"（SwissCube）演示小卫星主动碎片移除技术。

"空间碎片微型清理器"（SDMR）是日本宇宙航空研究开发机构（JAXA）正在研究的一种演示验证空间碎片主动移除技术的微小卫星试验项目，旨在使用小卫星夹持机械臂抓捕空间目标碎片，并使用电动系绳使其离轨。

1.3.2　辅助变轨

为了给太空探索提供更好的条件，同时尽可能多地节约成本，美国等航天大国在 20 世纪提出了在太空实现辅助变轨的构想。这一构想的主要目的是减少航天发射所带来的成本。一旦在太空中实现了辅助变轨，那么航天活动的成本将会大大降低，从而让人类能够更多地在太空中实现一些复杂的空间任务。辅助变轨，是帮助各类目标航天器进行轨道转移的在轨服务，其变轨范围可从低地球轨道转移到地球静止轨道（GEO），乃至深空轨道的辅助变轨任务。

辅助变轨（见图 1-4），是保证航天器稳定、高效、高质运行的重要技术，它不但有着重要的技术意义，还有更加直观的经济效益。目前航天器的设计和发射多为一次性或者说是为了完成某项任务而设计的，所以它的寿命只保证任务的完成，但随着在轨任务的拓展，航天器需要执行轨道转移任务，多次使用自身携带的推进剂势必造成燃料的大量损耗，此时辅助变轨的重要意义便凸显出来。近年来，美国主要有"太阳能电推进器"拖船（SEP）、"轨道机动运载器"（OMV）等辅助项目。

图 1-4　在轨服务中的辅助变轨示意

"太阳能电推进器"拖船（SEP），是 2011 年美国国家航空航天局（NASA）提出的以辅助变轨为目的的在轨服务工程项目，主要利用先进的太阳能帆板和高效的霍尔推进器，其推进器比冲是常规化学推进系统的 10 倍，可以达到 3 000 s，能够为大型深空探测器提供高效的推力，重点辅助大型深空探测器完成深空变轨任务，也可用于低地球轨道的辅助变轨任务。

"轨道机动运载器"（OMV）是一种采用演进型一次性运载火箭

次级有效载荷适配器，为小型卫星提供共享发射机会的低成本发射设备，从而能够有效完成优化部署小卫星星座等多项在轨服务任务。

1.3.3 在轨加注

传统的航天器在发射入轨后，其携带的推进剂和各组成模块就固化了，这就会产生一些问题：一是在初期携带的推进剂耗尽后，即使其他系统仍能正常工作，航天器使用寿命也即将终结；二是为了节省推进剂、延长在轨使用时间，航天器的机动能力往往受到限制，必须有劲"悠着点儿"使；三是作为一个大系统，航天器的一个关键部件失效后会导致整星无法工作，这不禁让人扼腕[14]。表1-2给出了不同任务下进入近地轨道（LEO）的航天器所需推进剂占比，由表可以看出，为了完成这些太空任务，需要航天器耗费一半以上的运载能力[15]。

表 1-2 不同任务进入 LEO 的推进剂所占比例

目标轨道	推进剂质量比例
地球同步转移轨道（GTO）	42%
月球转移轨道	50%
火星转移轨道	60%
地球静止轨道（GSO）	61%
月球表面	75%

在轨加注（见图1-5）是指在空间轨道上利用服务航天器对目标航天器进行推进剂补给的在轨操作，也就是为卫星、空间站等航天器进行气、液补给，其作用类似于"空中加油机"，是在轨服务操作技术体系中的重要组成部分[14]。人类的太空探索需求与日俱增，特别是高轨任务和深空任务将越来越频繁，相应的燃料消耗问题也越来越突出。若在轨加注变成像地面汽车加油站一样，在太空为航天器进行在轨加注[16]，通过发展在轨加注、在轨模块更换等技术，可为航天器加注燃料、更换故障部件，将为航天器提供新的动力源

泉，使其重新进入工作状态。因此，以在轨加注为代表的在轨服务操作技术拥有广泛的应用前景。

图 1-5　在轨服务中的在轨加注示意

在轨卫星资产不断增加，而通常在卫星燃料寿命末期，天线、有效载荷等其他部件通常还可继续使用，如果可以利用在轨服务器进行在轨加注或为目标卫星提供动力系统，则可以相应延长卫星的寿命，获得更大的经济利益。目前，美国有"复原-L"（Restore-L）在轨补加任务、"无人延寿飞行器"（MEV）等在研项目，具有灵活性高、可升级性好及风险低等特点，从而可进一步提升空间资产的可持续利用性[12]。

"复原-L"（Restore-L）在轨补给项目是 2014 年美国国家航空航天局卫星服务能力办公室（SSCO）启动的试验项目。该项目旨在为在轨航天器储存并提供燃料，因其特有系统是燃料运输系统，能够对目标卫星进行长时间、多任务的燃料补给，从而有效验证了对低地球轨道合作与非合作目标的在轨燃料加注技术。

　　"无人延寿飞行器"（MEV）是 2011 年由美国航天公司（US Space）与轨道-ATK 公司（Orbital ATK）共同提出的地球静止轨道卫星延寿项目。该项目采用 GEOStar3 平台与"天鹅座"（Cygnus）交会对接技术，具有灵活性高、可升级性好及风险低等特点，能够在与目标航天器分离后转移至下一个客户航天器继续进行服务，其交会对接系统可重复利用，可实现对多个目标进行服务，从而能够保证空间资产的可持续利用。

1.3.4　在轨装配

　　目前，由于受航天运载技术的限制，仅能够发射较小尺寸的航天器或相应部件，因此需要在轨装配技术通过分批次发射航天器配件入轨，借助先进的机械臂技术完成在轨组装任务。

　　在轨装配是指在太空中将不同的部件连接构建成一个结构、子系统、子系统单元体等空间设施，或把一个或多个结构分离后进行重新组合，包括航天器、空间系统和空间结构的在轨构建、替换、连接、组合或重组，小到模块更换，电池阵、天线等的安装与展开，大到大型独立舱段的在轨对接，以及更大规模的大型空间结构的构建。根据在轨装配任务对象的规模，可将航天器在轨装配任务从顶层到底层划分为 5 个层次[17]，见表 1-3。

表 1-3　航天器在轨装配层次

层次名称	描述	举例
航天器组合	两个或多个航天器在轨组合：航天器＋航天器＝（组合成）航天器	"自动转移飞行器"（ATV）、H-2 转移飞行器（HTV）与"国际空间站"（ISS）的组合等
功能扩展	为航天器增加功能模块或舱段：模块（舱段）＋航天器＝（组装）航天器	可替换模块（ORU）的自主更换：工程试验卫星-7（ETS-7）轨道快车（Orbital Express）

续表

层次名称	描述	举例
整星组装	模块(舱段)＋模块(舱段)＝(组装)航天器	"凤凰"(Phoenix)计划,存储与部署计划(在轨制造、组装部署立方体卫星), "蜻蜓"项目
模块组装	模块(零部件)＋模块(零部件)＝(组装)模块	"凤凰"计划中的细胞星聚合,大型结构的在轨组装:大型结构系统太空装配
在轨制造	原料＋原料＝(制造)零部件	"蜘蛛制造"(SpiderFab)系统、"存储与部署"

空间资产多,作用大,经济价值高,但故障也很常见。目前,当卫星出现故障或卫星部件技术落后,一般只能重新发射备份卫星进行替换,但替换周期长,成本也非常高。如果卫星可以进行在轨维修和在轨装配,实现空间系统重构,那么既能降低经济损失,又能增加空间基础设施弹性。

在轨装配技术(见图1-6)的发展史,通过追溯空间在轨装配40年的发展历程,可以将空间在轨装配技术发展进程划分为三个阶段:空间在轨装配技术的概念形成与研究阶段、有人在轨装配技术研究与探索阶段、有人在轨装配技术研究与自主装配技术的研究与探索阶段。在轨装配的作用十分广泛,如可用于空间结构、空间飞行器或空间系统的在轨对接以及组建。这种在轨组建的内容包括天线、太阳电池阵以及其他附加体展开,为可供其他设备或航天员操作的状态。

在这一领域,美国同时进行了大量的项目建设,如"凤凰"(Phoenix)、"蜻蜓"(Dragonfly)、"蜘蛛制造"(SpiderFab)"建筑师"(Archinaut)、"机器人组装模块化空间望远镜"(RAMST)等[18]。

"凤凰"(Phoenix)计划主要由"有效载荷轨道交付系统"(PODS)、"轨道服务器"(Tender)及"细胞星"(Satlets)三部分组成,是2012年美国国防高级研究计划局(DARPA)启动的一项在轨服务演示验证项目,旨在重新利用失效退役的地球静止轨道(GEO)卫星的有价值部件组建新型航天器,演示验证从报废卫星上摘取并利

图 1 - 6　在轨服务中的在轨装配示意

用零部件（天线等）的技术，是在轨服务技术从低轨发展至高轨的标志。

　　"蜻蜓"（Dragonfly）由美国国家航空航天局兰利研究中心和 3 个商业公司负责，是"凤凰"计划在 2015 年的衍生项目，归属美国国家航空航天局"新兴空间能力转折点"（'TippingPoint' ESC）系列专题。该项目旨在在轨组装与重构大型固体射频反射器，演示自主天线在轨装配技术，改变现有卫星的装配模式。

　　"蜘蛛制造"（SpiderFab）是 2012 年由美国绳系无限公司提出并由美国国家航空航天局创新先进概念项目资助的一项概念研究项目，将研究空间在轨制造系统的概念，未来将实现利用 3D 打印等技术在轨自主制造超大型空间结构和多功能空间系统组件，同时利用"蜘蛛机器人"（SpiderFab Bot）在轨集成大型空间结构，克服运载火箭的发射限制，改变航天器的研制与部署方式。

　　"建筑师"（Archinaut）又名"多功能空间机器人精密制造与装配系统"，是 2015 年美国国家航空航天局资助诺斯罗普·格鲁门等商业公司开发的技术平台，也归属美国国家航空航天局"新兴空间能力转折点"系列专题。该项目主要包括 3D 打印增材制造器和机械臂，前者主要用于制造并扩展系统结构，后者主要用于定位和在轨装配操作，可在太空中自主机动，并能将自身附着在航天器上，可通过增加或移除外部组件进行维修升级，还可从退役航天器上移除并重新使用部件，甚至可清理空间碎片。

"机器人组装模块化空间望远镜"（RAMST）是 2016 年 7 月由美国国家航空航天局喷气推进实验室（JPL）、美国国家航空航天局戈达德航天飞行中心（GSFC）和加州大学等联合在《天文望远镜仪器与系统》杂志中提出的超大型太空望远镜设计的新理念，即利用机器人在轨组装百米级空间望远镜，组合体将转移至日地拉格朗日 2 点进行编队飞行，执行天文观测任务，能为未来大型太空结构的在轨装配任务奠定基础。

1.4　相关规划技术研究进展

在轨服务任务智能规划研究虽然属于智能规划应用的新兴领域，但也离不开已有相关问题及方法的研究理论与实践基础。本节将剖析国内外相关领域的研究现状，对比综合评述，旨在挖掘既有研究尚需努力的领域，明确本书重点。

1.4.1　在轨服务任务智能规划

1.4.1.1　智能规划发展现状

在轨服务任务智能规划是将先进的人工智能技术运用于在轨服务任务规划，是在轨服务任务规划领域智能化发展的新方向。国外以美国为代表，一直大力发展人工智能技术的航天运用，其中智能规划方向备受关注。2012 年 4 月，美国公布了《机器人、遥操作机器人与自主系统》发展战略路线图[20,21]，首次系统提出在轨服务任务规划智能化的发展方向和关键技术。2016 年 10 月，美国国家科学技术委员会发布了"美国国家人工智能研究和发展战略计划"[21,22],规划了人工智能的七大发展战略,指明了人工智能技术在在轨服务任务规划中的应用方向。美国国防部现正与美国国家航空航天局联合开展太空在轨任务智能规划研究工作,以开发满足多种任务想定的可建构、可进化、具备多任务自主规划能力的在轨任务自主规划系统[23,24]。

目前,美国的 X-37B 轨道飞行器、轨道快车(orbit express)[25]、太空机动飞行器(Space Maneuverable Vehicle,SMV)[26]、太空操控飞行器(Space Operation Vehicle,SOV)、实验性卫星(eXperimental Satellite System,XSS)[27] 和自主交会技术验证(Demonstration of Autonomous Rendezvous Technology,DART)[28]等多项计划,都在演示验证具有快速机动和自主接近能力的轨道机动航天器,其主要目的是探索发展具有自主探测、跟踪、识别以及服务能力,能够快速机动抵近目标或与目标交会对接,完成各种在轨操控或在轨服务的新型航天器[1]。此外,NASA 的 DS-1 已经搭载了第一个航天器自主控制系统 RA(Remote Agent),并凭借着 RAX-PS 使得卫星能够根据高层目标自主生成任务规划方案,实现观测、数传等任务的自主规划[29]。

我国在轨任务智能规划研究的前身是始于 20 世纪 80 年代的空间飞行器智能自主控制。杨嘉墀①先生曾指出智能控制和智能规划是未来航天技术的发展方向,并在《中国空间计划中智能自主控制技术的发展》中阐述道"由于传统控制技术在空间飞行器姿态和轨道控制方面存在的问题,各太空国家 10 多年前就发展自主控制技术,对中国来说,发展这项技术更有其必要性"[30]。由此可见,随着智能规划技术的不断发展,在轨服务任务智能规划将具备高度集成、自组织、自决策、高效费比等特点,势必成为未来航天领域中最行

———————————

① 杨嘉墀(1919—2006),江苏省吴江人,中国科学院院士、国际宇航科学院院士。我国著名自动化和空间技术专家,自动化与控制技术、航天领域的主要创始人之一,《高技术研究发展计划纲要》(简称"863 计划")倡导人之一。

之有效的筹划手段。

1.4.1.2　关注领域发展现状

对本书重点关注的"目标分配""轨道规避路径规划"和"轨道博弈策略规划"方面，国外相应领域均有发展。

（1）目标分配相关技术

航天器在轨目标分配，是目标分配（Target Assignment，TA）技术在新兴领域的应用，在国外一直属于现代战争和作战力量运用的重要研究方向[31]。美国早在 20 世纪 50～60 年代就开始了相关研究，美国麻省理工学院、美国国防分析研究所等机构一直致力于目标分配问题的研究，并提出了力量优化与资源分配、C⁴ISR 环境下的资源分配等关键技术[32]。美国相关研究机构针对目标分配问题的研究主要源于线性规划、动态规划、对策论和图论等传统理论技术，但近几年随着环境、任务的发展目标分配问题逐渐向多参数、多约束优化问题演变，传统方法将不存在多项式时间内的最优解，致使以遗传算法、蚁群算法和禁忌搜索算法等为代表的新一代启发式智能算法相继出现，从而为此类具有多目标、多约束、不可微、非线性特征[33]的目标分配问题提供新的解决途径。

（2）轨道规避路径规划相关技术

轨道规避路径规划作为航天器在轨主动防御的重要技术，国外航天组织和机构都在重点发展[34]。例如美国国家航空航天局在挑战者号航天飞机失事之后，就开始了对空间碎片的规避技术研究，先后通过区域预警方法和规避技术对航天器安全运行提供技术支撑[35]，2009 年进行了 8 次航天器轨道规避机动实验，其中 2 次是规避航天器，其余均是规避空间碎片。欧洲空间局从 2004 年开始便大力研发相关轨道规避技术，在 2007 年 11 月和 2008 年 1 月对俄罗斯 Cosmos‐1486 和 Cosmos‐1424 两颗卫星分别成功进行了两次规避机动，后又于 2010 年对空间碎片和航天器开展了 5 次规避实验[36]。法国国家空间研究中心（CNES）在 1997 年 7 月 24 日经历 Cerise 卫星与空间碎片碰撞事件后，便一直致力于空间碰撞规避技术研究，于 2009 年和 2010 年对在轨航天器潜在危险事件采取了 6 次规避机动行动[37]。德国空间操控中心（GSOC）2008 年开始建立碰撞预警与规避系统，2009 年 11 月 TerraSAR - X 卫星为了避免与俄罗斯 Cosmos - 2251 卫星碎片相撞，便借助该系统采取了一次轨道规避机动[38]。日本宇宙航空研究开发机构（JAXA）近年利用 TLS 编目数据和雷达侦察数据对其先进陆地观测卫星（ALOS）开展了卫星碰撞规避机动框架和技术的相关研究[39]。

（3）博弈策略规划相关技术

博弈策略规划作为在轨服务任务规划的重要组成部分，具有不可替代的重要现实意义。目前，美国的 X - 37B 轨道飞行器、轨道快车（Orbit Express）[25]、太空机动飞行器（Space Maneuverable Vehicle，SMV）[26]、实验性卫星（Experimental Satellite System，XSS）[27] 和自主交会技术验证（Demonstration of Autonomous Rendezvous Technology，DART）[28] 等多项计划，都在演示验证具有快速机动和自主接近能力的轨道机动航天器，其主要目的是探索发展具有自主探测、跟踪、追逐能力，能够快速追逐目标或与目标交会，完成各种在轨服务任务的新型航天器[1]。

近年，国内以清华大学、国防科技大学、哈尔滨工业大学、西北工业大学和北京航空航天大学等以及中国航天科工集团、中国航天科技集团和中国电子科技集团等为代表的高校和工业部门，均紧密结合实际需求不断加大在轨服务方面的投入，已在相关领域具备了较强的学术水平。例如，王月娇等[45]针对卫星在执行丢弃载荷或捕获目标等复杂任务时遭遇的姿态突然发生变化的问题，提出基于深度增强学习的卫星姿态规划方法，以姿态角速度趋于稳定作为奖励获得离散行为的最优智能输出从而使卫星恢复稳定状态。罗海波等[46]针对目标跟踪中普遍存在遮挡、相似物干扰和视频侦收抖动等困难，分析了近年许多学者将深度学习模型引入目标跟踪规划方法所取得的突破性进展，并展望了未来在缺少样本、多元分类问题和实时运算等方面的研究方向。刘召等[47]针对多波束卫星通信业务量分布具有非均匀特性、资源利用率较低的问题，结合强化学习方法，研究设计了能够避免同频干扰的动态资源规划方法，以降低系统阻塞概率，使信道资源得到进一步有效利用。

1.4.1.3　现状分析

智能化是继机械化、信息化之后航天领域发展的新趋势和新方向。从国内外相关研究工作可以看出，以深度学习、强化学习等理论为代表的人工智能方兴未艾，其对任务规划方法革新的推动毋庸置疑。在轨服务具有特殊的环境形态、服务载体、技术设备，拥有部署高度分散、手段高端密集、行动快速准确、服务精准高效等特点，其任务规划具有一定的特殊性，这对人工智能技术的应用提出了一些新需求：

1) 在轨服务任务规划需要贯穿在轨服务全过程，一般规划方式采取问题描述、问题建模、方法求解和结果评价的单向求解流程，递进特征较为明显、过程相对割裂，不利于类似航天器间轨道博弈这种动态性、往复性明显的规划问题求解。由此，有必要创新思维理念，改进方法手段，探索运用新方法来构建面向在轨服务全过程的任务规划技术框架。

2) 目前在轨任务的相关研究主要集中在轨道设计、轨迹优化等方面，对于供需数量不均、空间碎片袭扰以及非合作目标服务等问题的研究还比较薄弱。由于不确定性、突发性因素的存在，确定性假设条件下求得的在轨服务方案在执行过程中可能遭遇不适用。复合服务模式下目标分配、航天器轨道临时规避和航天器轨道博弈，作为在轨服务中不确定性、突发性特征明显的规划问题，可以借助人工智能技术在非完全信息处理、动态交互和博弈更新等方面的优势探索更为适用的规划方法。

3) 有关任务规划方法的研究，通常采用的方式是在对问题进行适当简化后通过经典优化问题进行建模求解。对于在轨服务任务规划问题的求解，则需要更多地关注航天器轨道特性，考虑求解算法对复合服务模式的适用性、对不同规避需求与偏好的满足性以及对双边控制问题的有效性。尝试融合最新人工智能技术，探索在轨服务任务规划问题求解的智能算法，将有助于进一步提升在轨服务任务规划能力。

1.4.2 目标分配方法

1.4.2.1 方法研究现状

目标分配方法是针对多个服务目标调度在轨航天器资源以实现最佳分配效果的方法，是在当前信息化乃至未来智能化进程中确保在轨服务顺利进行的重要条件。当前，人为的目标分配方式已经越来越难以满足信息化、智能化条件下的任务需求，自动化程度高的目标分配方法已成为各领域不可或缺的关键技术。

目标分配问题本质上是非线性组合优化问题，通常可采用诸如遍历寻优法、枚举法、分支定界法以及割平面法等数学方法进行求解。但此类数学手段存在随着目标增多、规模变大而求解速度明显下降的不足，致使此类传统手段求解精度难以适应日益复杂的目标分配问题。目前，以遗传算法、蚁群算法等为代表的智能优化算法由于其对求解函数的连续性、可微性以及可解释性要求更低，且对不确定性问题也有很强的适应能力，在目标分配问题的求解上具有更出色的表现。

（1）基于遗传算法的目标分配方法

遗传算法（GA）是由 Holland 教授提出的模拟自然界适者生存、优胜劣汰过程的优化算法，具有鲁棒性高、并行性好、适应性强以及全局寻优等优势，已被广泛运用于背包问题、调度问题和旅行商问题，在目标分配问题上亦有广泛研究。王玮[48]、田文[49]、杨山亮[50]以及常天庆[51]等学者根据目标分配问题的现实特性，从问题编码、种群初始化、变异操作等方面研究了基于遗传算法的目标分配方法，并取得了良好的分配效果。此外，王磊[52]、陈思[53]、刘振[54]以及闫玉铎[55]等学者根据目标分配的决策行为建模及优化问题特性，对遗传算法进行了适应性改进，提升了算法的全局搜索能力，从而进一步提高了分配模型的求解效率。

然而，遗传算法由于其所特有的种群初始化、可行解空间构设以及选择交叉变异等求解步骤，每一环节均会对分配结果产生较大影响，从而存在基因编码的不规范和不确定性、迭代时间长、容易过早收敛以及陷入局部最优解等局限与不足。

（2）基于蚁群算法的目标分配方法

蚁群算法（ACO）是由意大利学者 Colorni A 和 Dorigo M 提出的一种由一群无智能或有轻微智能的个体通过相互协作而表现出智能行为的群智能算法，具有分布式、正反馈以及鲁棒性强等优势，被广泛运用于最短路径问题、旅行商问题和序列排序问题等领域。在目标分配方面，黄国锐[56]、武从猛[57]和袁梅[58]等学者运用蚁群算法的并行性、正反馈机制，有效解决了武器目标分配问题。此外，熊瑜[59]、崔莉莉[60]和苏淼[61]等学者改进蚁群算法，扩展并行搜索空间，增强蚂蚁局部搜索经验和群体全局搜索经验，提高了算法的全局搜索能力，在搜索质量和时效性方面取得了更好的效果。

然而，蚁群算法搜寻行为需要通过信息素来进行概率抉择，对每条路径上的信息素积累具有较强的依赖性，致使对参数设置的依赖性较大，算法收敛速度较慢且可能陷入局部最优解的情形，所得结果在多样性和准确性方面也存在一定的不足。

（3）基于粒子群算法的目标分配方法

粒子群算法（PSO）是由 Eberhart 博士和 Kennedy 博士共同提出，一种通过模拟鸟群捕食行为利用群体中个体对信息共享从而使得整个群体的运动在问题求解空间中由无序到有序的演化算法，依其参数少、易实现等优势在众多优化领域被广泛运用。在目标分配方面，高尚[62]、杨奇松[63]和 CHEN H[64]等学者将粒子群算法与其他优化算法相结合，为武器目标分配问题的求解提供了很好的思路。此外，李欣然[65]、张蛟[66]、范成礼[67]和刘爽英[68]等学者通过从优化约束空间、定义粒子变化率等方面改进粒子群算法，平衡算法全局寻优能力与收敛速度之间的冲突，使得粒子群算法更适用于大规模的武器目标分配问题。

然而，粒子群算法通常缺乏对速度的动态调节，容易陷入局部最优，且不能有效解决离散及组合优化问题，对于目标分配这类非线性组合优化问题，需要结合其他优化算法使用。

1.4.2.2　航天领域应用现状

航天领域的目标分配问题关键在于解决将不同类型、不同轨位的航天器资源，分配给不同轨位、不同优先级的目标，是以实现最大效能或最小代价为目的，同样属于多项式复杂程度的非确定性（NP）难问题。针对航天领域目标分配问题特性，一些学者对整数规划、遗传算法和粒子群等方法进行了研究，部分代表性研究成果见表 1 - 4。

表 1 - 4　有关航天器在轨目标分配方法的代表性研究成果

年份	学者	研究内容
2006	NG A 等[69]	研究了卫星数传资源分配问题，在数传资源约束形式化描述的基础上，给出了问题线性模型的一般表示形式及调度目标函数，建立了卫星数传资源分配模型，有效消减了数传任务间的资源冲突问题
2010	欧阳琦等[29]	开展了向高轨共面目标的在轨服务目标分配问题研究，建立以燃料消耗为优化目标的线性规划模型并得到了最优时间分配策略
2017	朱啸宇等[70]	将太空燃料站技术与"一对多"在轨加注问题相结合，构建了一种基于燃料站的可往返式在轨加注分配模型，并用遗传算法求解
2017	肖海等[71]	考虑服务效率和燃料消耗，建立多在轨服务飞行器目标分配模型，提出了基于禁忌离散粒子群算法的模型求解方法
2017	ZHOU H 等[72]	对"一对多"模式的航天器在轨加注服务目标分配问题进行了研究，以轨道转移燃耗为优化目标，采用遗传算法进行求解
2018	谭迎龙等[74]	
2018	陶孙杰等[75]	面向未来测控和数传任务统一进行站网资源分配的发展趋势，基于遗传算法提出了测控数传一体化站网资源分配方法，仿真结果显示，该方法在多种仿真场景下均可有效提高资源调度的成功率以及任务需求的满足程度

续表

年份	学者	研究内容
2019	李夏苗等[76]	为提高中继卫星的应用效能及数传任务的完成率,考虑了断点续传的中继卫星资源分配模型,基于冲突风险评估提出了中继卫星分配模型及启发式算法,通过与多种启发式算法的仿真结果进行比较,证明该算法可在有效提升任务完成率的同时降低资源损耗

1.4.2.3 现状分析

基于遗传、蚁群或粒子群等算法的目标分配方法,具有鲁棒性强、优化效果好和易实现等优势,现已在背包、调度和旅行商等非线性组合优化问题中广泛运用。航天器在轨目标分配虽属于非线性组合优化问题,但需要更多地结合在轨服务现实问题,重点关注对象众多分散而在轨服务力量有限这一现状,同时考虑指派约束、燃耗约束以及时效性约束等条件,使得常规方法的应用存在一定的不足:

1) 常规方法很少考虑不同分配模式对目标分配效果的影响,而在实际目标分配中,不同分配模式间存在着利弊关系、并串行执行关系等复杂时态特征。由此,需要在目标分配中根据实际情况考虑并选择最适合的分配模式。

2) 常规方法以获得最优可行解为主要目的,对制约分配策略的燃料消耗、时效性以及鲁棒性等因素的综合考虑相对较少。然而,在航天器在轨目标分配中,需统筹考虑指派约束、燃耗约束以及时效性约束等条件,生成燃料节省、时效性高、鲁棒性强的分配策略,并尽量减小执行过程中策略再调整的可能性。

3) 约束空间的多态性是航天器在轨目标分配过程的显著特征,常规方法往往弱化或简化约束条件,对于不同约束条件的影响过程考虑甚少。由此,需要充分考虑各类约束条件对目标分配的影响,研究多目标多约束条件下的目标分配方法。

1.4.3 规避路径规划方法

（1）方法研究现状

轨道规避路径规划的基础是路径规划。国内外关于路径规划研究与实现的基本方法依据对周围环境信息的掌控情况，可大致归纳为全局路径规划方法和局部路径规划方法。全局路径规划是指对全局环境信息完全已知，不需要进行环境的实时更新，根据已知信息建立合适的环境模型，再据此规划出合适路径的方法。典型的全局规划法有可视图法①、栅格法②、自由空间法③等，其中 A*④[79,80]、Dijkstra⑤[81-84] 算法最为常用。全局路径规划，由于事前已知环境信息，不再需要大量采集周围环境信息，能够减少计算量，但其规划效果却与环境粒度划分密切相关。局部路径规划是一种在线规划法⑥，是指移动体不完全了解周围环境，实时采集周围环境信息，动态更新路径的方法。典型的局部规划法有人工势场法⑦、遗传算

---

① 可视图法，是将起点、障碍物的各点均与目标点联系起来构成封闭的连接图，是一种将路径搜索转换为起点至终点最短距离问题的方法。

② 栅格法，是一种将空间区域分割成具有二值信息的网络单元（栅格），各单元间相互连接但不重叠，并对障碍进行标注的方法。

③ 自由空间法，是将移动体视为一个点，并按照一定比例放大障碍物，将空间表述为图结构，进而进行图搜索的方法。

④ A* 算法，是一种结合了启发式和形式化的算法，具有时间开销较小的优点，但存在启发规则不易获取、内存消耗大以及状态维数大等不足。

⑤ Dijkstra 算法，是一种从起点出发依次寻得下一节点的最短距离，直至目标点的路径搜索方法，适用于结构化环境，但存在复杂度高、盲目搜索以及搜索效率低等缺陷[26]。

⑥ 在线规划法：侧重于依靠所带传感器获得当前环境信息，信息随着环境变化而不断更新，因此需要不断地进行信息采集，并动态地反馈校正信息。

⑦ 人工势场法，是一种将移动体所处环境设定为虚拟电势场，受正负引力势场作用进行的路径规划方法。

法①、蚁群算法②、Voronoi 图法③和模糊逻辑算法④等[85-87]。局部路径规划是在环境信息完全未知或部分未知情况下进行的,具有实时性强、响应速度快等优点[88,89]。

人工势场法(Artificial Potential Field,APF)是局部路径规划法中的一种,与其他局部路径规划法算法的特性比较见表 1-5。相比较,人工势场法具有数学描述清晰、运算迅速、计算量小、硬件要求低以及规划路径平滑等优势[90],目前在无人机、无人车、仿生人等的路径规划研究中应用广泛,部分代表性研究成果见表 1-6。

表 1-5　局部路径规划方法比较

路径规划方法	优点	缺点	适用范围
人工势场法	规划速度快,计算量小,实时规避性强,能够获得平滑的路径	目标不可达,易陷入局部极小陷阱	实时在线规划
遗传算法	灵活性强,鲁棒性好,较广的适用范围	模型计算时效长,精确度不够,时效性不足	离线规划
蚁群算法	易实现,并行分布式,鲁棒性较好	存在早熟收敛问题,易陷入局部极小陷阱	并行分布式规划
Voronoi 图法	容易实现,时效性强,兼容性好	所得路径不够平滑	离线规划
模糊逻辑算法	对未知环境的适应能力较强,有效应对不确定情况	鲁棒性较差,所得路径准确性不高,稳定性较差	在线规划

①　遗传算法,通过仿真自然演进过程,依据优先搜索理论,利用选择、交叉、变异方式进行最优路径筛选。

②　蚁群算法,是一种模仿蚂蚁觅食,寻找与食物间最优路径的仿生学算法。

③　Voronoi 图法,又称为泰森多边形法,是将空间区域划分为 N 个,将各区域转换为点集,从而寻求点与点之间的最短距离。

④　模糊逻辑算法,结合了智能方法与模糊控制,以模拟人脑思维方式的一种模糊推理方法。

表1-6　有关人工势场法解决路径规划问题的代表性研究成果

年份	学者	研究内容
2016	何仁珂等[91]	针对复杂环境和高维空间的航路规划问题,提出了一种基于拟态势场的无人机航路规划方法,从而有效缩减了路径长度和计算时间,提升了航路规划的安全性
2018	杨丽春等[92]	提出了基于人工势场的航路规划方法,提升了飞行器应对动态环境变化的能力,解决了传统人工势场法易陷入局部最小值的问题
2019	尚璞[93]	为进一步解决飞行路径中的障碍规避问题,基于人工势场法进行了路径规划与避障研究,构建了斥力场函数避障方程,改进了传统方法容易陷入局部最小值的不足
2019	程志等[94]	针对传统人工势场法在路径规划中存在局部最小点和陷阱区域的不足,提出了一种改进人工势场法,进一步提升了障碍物规避路径的规划效率
2019	贾正荣等[95]	针对人工势场法在复杂避障应用中的不足,基于障碍凸优化提出了一种路径规划方法,改善了可能陷入局部最小值的问题
2020	徐小强等[96]	为进一步改进传统人工势场法在路径规划中局部极小点和易于陷入陷阱区域的问题,提出了一种改进人工势场法,使机器人在陷入局部极小点或陷阱区域之前做出反应,并提升了算法速率

此外,在路径规划方法实际应用中,还要考虑的是空间坐标的表述,这关系到整个路径规划模型的复杂度及运算量。笛卡儿坐标系作为一种全局坐标系,其采样时效性以及路径拟合难度均受运动轨迹长度的影响与制约,使得路径规划模型复杂度相对较高。2007年DAPRA挑战赛期间,一种名为Frenet的坐标系成功应用[97,98],很好地解决了路径规划技术中行驶载体与道路相对位置不易表示的难题,进而成为近年智能驾驶的主要空间建模方式。表1-7列举了部分代表性研究成果。

表 1 - 7　有关 Frenet 坐标在路径规划中应用的代表性研究成果

年份	学者	研究内容
2012	WERLING M 等[99]	针对沿公路行驶的自动驾驶汽车存在自主变道、并道以及保持距离难的问题,提出了基于 Frenet 坐标系的自动驾驶运动轨迹模型,构建了以速度变化率为核心的路径安全性和舒适性惩罚函数,从而可选定平滑、舒适以及安全性更高的车辆运动路径
2019	王威等[100]	基于 Frenet 坐标系进一步研究了自动驾驶的路径跟踪、车道线检测等问题,提升了对复杂多变的实际交通环境适应性能力
2019	龙翔等[101]	
2019	王沙晶[102]	基于 Frenet 坐标系研究了车辆运动轨迹描述问题,总结出 Frenet 坐标仅与参考线的选取有关,轨迹拟合计算简便,大大简化了运动描述模型,提高了计算效率,是一种高性能、低开销的空间建模方式
2015	赵宁宁等[103]	分别将 Frenet 坐标系应用到水面无人艇、航天器以及航母舰载机等领域,为路径规划研究开拓了新的思路
2018	苏飞等[13]	
2019	严永锁[105]	

（2）航天领域应用现状

随着对航天器轨道机动需求的日益强烈以及在轨服务的不断拓展,规避路径规划技术作为航天器主要的主动防御措施将是未来在轨服务安全的重要保障,目前已有相关学者致力于该方向的深入研究。表 1 - 8 列举了部分规避路径方法在航天领域应用的代表性研究成果。

表 1 - 8　有关规避路径方法在航天领域应用的代表性研究成果

年份	学者	研究内容
2010 2011	郭延宁等 钱宇等	针对航天器在轨主动防御问题,建立了规避-返回轨道规划问题的脉冲式最优轨迹非线性规划模型,运用势函数等方法开展了航天器规避路径规划研究,揭示了航天器规避机动对燃料消耗、机动距离以及返回时间等因素的影响规律[106,107]
2012 2013	姚党鄗等 SANG CHERL LEE 等 张景瑞等	运用人工势场等方法研究了航天器与空间目标的相对运动模型,提出了航天器近距离主动规避空间目标的机动策略,从而有效验证了航天器近距离自主规避策略的有效性[108-110]

续表

年份	学者	研究内容
2014 2015	LEE U 等 缪远明 等 HU Q 等	研究了多约束空间下的航天器轨道规避路径规划问题,将规避路径规划问题转变为最优化问题,运用比例微分、人工势场等提出了航天器轨道规避路径规划方法,从而有效提升了对障碍物、障碍区或禁区规避的有效性[111-113]
2017	于大腾 等 DONG H 等	针对航天器可能面临的非合作交会威胁日趋严重的情况,分析了航天器机动脉冲与相对运动的线性关系,研究了航天器面对非合作交会的有效规避策略与方法,从而有助于提升航天器的空间生存能力[114,115]
2018	苏飞 等 范世鹏 等 SHEN Q 等	针对航天器在轨危险交会,借鉴人工势场等思想,研究了航天器面内机动最优规避方法,在确保碰撞概率最低的前提下获得最优规避脉冲,并通过二维平面轨迹仿真分析验证了方法的有效性[13,116-118]
2020	李皓皓 等 云朝明 等 王国刚 等 CARMEN PARDINI 等	针对具有主动机动能力航天器对目标航天器的主动接近威胁,对航天器与其他空间目标碰撞情况进行了分析,研究了航天器主动规避方法及策略,并验证了碰撞规避策略的有效性和可行性[119-122]

（3）现状总结

基于 Dijkstra、RRT 或 Voronoi 图等算法的路径规划方法,具有搜索能力强、结构简单和易于实现等优势,现已在无人机、无人车等领域得到广泛运用。相比较而言,路径规划方法在航天器轨道临时规避方面的研究目前还较少,但国内外均对轨道规避的动力学和控制策略开展了深入研究[109,114,161],这为实现规避路径规划提供了坚实的技术基础。航天器轨道临时规避路径规划,需要更多地关注空间碎片袭扰而规避不及时这一突出风险,在成功避开空间碎片的同时更要考虑轨道规避的及时性、燃料消耗的最优性[112,163,164],使得常规方法的直接应用存在一定的局限性：

1）结合轨道规避的临时性事件特征,如何对空间碎片袭扰事件发生后的规避策略、行为决策进行系统分析；如何合理构建相对运动坐标系；如何运用路径规划方法进行科学规划；针对上述问题的现有研究相对较少。

2）人工势场法存在局部极小值和振荡等不足，加上太空所特有的轨道特性以及航天器规避空间目标的不同需求与偏好，使得人工势场法不适合直接用于解决轨道规避路径自主规划问题，但与之相关的改进性研究目前还较少。

3）空间碎片袭扰事件具有突发性、耦合性和破坏性等特点，在进行规避路径规划时，如何兼顾规避安全、燃料消耗、最小偏移以及制动时效等因素；如何满足不同偏好需求以及多种条件限制；这些都是值得进一步深入探讨的问题。

1.4.4　博弈策略规划方法

1.4.4.1　方法研究现状

在博弈问题的研究中，经典制导控制理论[123]、最优制导理论[124]以及现代非线性制导理论虽可运用，但多受目标机动能力较强和机动规律多变等因素的制约[125]，致使微分对策理论成为当前主流方式。微分对策理论能够基于双边对抗最优控制理论建立双方的博弈模型，能够考虑双方博弈中的不完全信息和对称程度，更适合此类连续时间的动态博弈问题。

微分对策的最早发展便源于对"追逃问题"的研究，是在微分方程动力学约束下的对策理论，属于对策论的一个分支领域，目前主要集中于军事领域或含有对抗因素的研究[127-131]。由于微分对策问题复杂度与维数均较高，通常多采用打靶法、配点法以及智能优化算法等数值方法进行求解。

（1）打靶法

打靶法作为求解微分对策问题的常用方法，以寻求微分对策问题鞍点存在的必要性为出发点，通过不断地修正初始条件从而让微分方程满足边值条件。例如屈香菊[132]、王华[133]、冯浩阳[134]和彭坤[135]等学者针对飞行微分策略问题，研究了基于打靶法的求解方式，使得计算效率得到大幅提升。张秋华[136]、彭祺擎[137]、廖一寰[138]和张子雄[139]等学者针对航天器之间的轨道博弈问题,将打靶法与遗传算法或高斯维普法等相结合,提出了混合优化策略从而改善了问题收敛性,获得了对抗双方的最优控制策略并确保了解的精度和鲁棒性。

将打靶法用于求解微分对策问题,可以在获得高精度数值解的同时直接获得鞍点值。但由于航天器轨道博弈问题涉及的微分方程复杂、约束空间庞杂以及边值条件非线性,致使所对应的边值问题求解难度较大[127]。此外,由于打靶法的核心是改进的牛顿迭代法,初始值的选择需要对动力学模型有着深刻的认知,否则有可能导致算法难以收敛。

(2)配点法

配点法与打靶法不同,是将微分对策问题转化为一个最优控制问题,通过二次规划或梯度恢复等优化方式寻求代数方程组和边界条件的零点以得到最优解。例如,李龙跃[140,141]、SHIMA T[142]和于江龙[143]等学者基于微分对策理论研究了追逃问题的建模过程和求解方法,建立了轨道博弈模型,运用配点法提出了求解方法。赵吉松[144]、薛国号[145]和朱盈璇[146]等学者针对微分对策问题,运用配点法进行求解,提出了相应的规划方法,从而在保证精度的同时,计算速度快,可以满足实时博弈跟踪优化的需求。

配点法在收敛性方面虽然优于打靶法,但其求解时间和计算精度严重依赖初始值,面临维度爆炸、收敛域小等问题。此外,在航天领域的微分对策中,由于鞍点要考虑双方策略选择的最优控制量,其求解过程与一般的最大或最小对策问题不同,将涉及双方动态控制的策略平衡问题,这也使得配点法在收敛速度和准确性上存在不足。

(3)智能优化算法

以遗传算法、蚁群算法以及神经网络等为代表的现代智能优化算法,来源于人类对自然现象模拟,具有不易陷入局部最小值、适用范围更广等优势。例如,最早就有 RAUWOLF G A[147]、COVERSTONE CARROLL[148]和 LARRY D D[149]等学者将遗传算法用于求解大气层外轨道转移的微分对策问题,并取得了许多研究成果。后来 CHEN G[150]、KUMAR G N[151]、曾国强[152]和王劼[153]等学者对遗传算法进行了改进研究并运用于求解卫星变轨等其他微分对策问题。此外,QINGZHEN Z[154]、谢磊[155]、OZAN[156]、王银[157]和程林[158]等学者运用蚁群、模拟退火和神经网络等方式开展了轨道转移的微分对策问题研究。

现代智能优化算法避免了间接法的初值猜测问题,具有较为广阔的应用前景。但在求解实际参数化问题时,遗传算法等智能优化算法却常存在早熟的问题,即适应度大的个体由于扩散迅速导致种群过早丧失多样性,从而面临局部最优、不能确保有限时间内目标函数收敛的问题。

1.4.4.2　航天领域应用现状

航天器对非合作目标的在轨服务,是最优控制与动态博弈的深度融合,可描述成一种轨道博弈问题[165],是典型的面向不完全信息的序贯决策(Sequential Decision),是在仅知自身状态和对方当前有限状态、未知对方未来行为策略的条件下,采取最优行为的一个动态博弈过程。针对此类双方连续动态冲突问题,国内外均有学者通过微分对策进行研究。相比较,国外的相关研究起步较早并取得了一定成果[167,168],而国内在航天器轨道博弈方面的研究起步较晚,最近几年开始有学者开展相关研究,代表性研究成果见表 1-9。

表 1-9　有关轨道博弈在航天领域应用的代表性研究成果

年份	学者	研究内容
2014	张秋华等	应用微分对策理论描述了两个航天器轨道博弈中的策略问题,并将对策研究转化为高维时变非线性两点边值问题进行数值求解[136]
2016	王强等	将卫星末端拦截交会看作追踪与逃逸,并转换为零和微分对策问题,采用拦截脱靶量和燃料消耗作为二次最优目标函数,推导出了卫星轨道次优控制策略[169]

续表

年份	学者	研究内容
2016	常燕等	利用定量微分对策方法分析连续推力作用下的空间交会追逐微分对策问题,提出了用非线性规划求解该微分对策问题的方法[165]
2017	祝海等	将航天器间的轨道博弈问题看成一种零和微分对策问题,研究了微分对策问题的鞍点求解方法,提出了追逐博弈最优控制律,从而扩展了轨道追逐博弈问题的求解方法体系[171,172]
2019	吴其昌等	针对航天器追逐博弈这一热点问题,运用生存型对策理论开展了追逐策略研究,提出了基于蚁群算法的追逐策略数值求解方法[173]
2019	孙松涛等 郝志伟等	针对时间固定的轨道追逐问题,基于半直接配点法提出了一种双方最优控制策略的求解方法,提升了两点边值问题求解的收敛性,为追逐博弈微分对策问题带来了新思路[174-177]
2019	赵琳等	针对三维空间中的航天器轨道博弈问题展开研究,结合微分对策理论,得出了追踪器的最优控制策略描述式[178]
2020 2021	王淳宝等 冯浩阳等 王雨琪等	将航天器交会、末端拦截等过程看作一种微分博弈问题,进而基于微分对策理论开展了博弈策略方法研究,从而为策略求解提供了简便高效、稳定性强的计算方法[179,134,181]
2020	罗亚中等	对基于微分对策的航天器轨道博弈研究现状进行了评述,梳理了微分对策理论的发展脉络和当前研究热点,展望了航天器轨道博弈的后续研究方向[126]

1.4.4.3　现状总结

关于轨道博弈的策略规划,因涉及微分方程复杂、约束条件呈非线性、不完全信息假设,一直是一项比较困难而棘手的问题[141,183]。基于打靶法、配点法或智能优化算法进行求解,具有模型结构简便、利于数学解析以及便于计算等优势,对于最优控制问题有较好的应用效果。航天器轨道博弈策略实时规划,虽然属于最优控制问题,但更多地体现了双方的序贯博弈过程,需要重点考虑双方连续动态交互特性,使得常规方法的应用存在一定的不足:

1) 通过对现有相关文献的深入梳理与分析可知,航天器轨道博弈策略实时规划还是一个较新的领域,现有研究尚处于起步阶段,已有成果还未形成一个完整、系统的理论与方法。

2）现有微分对策方法运用中，大多都假设博弈双方确切知道对方的支付函数，而在航天器轨道博弈中双方往往无法确切知道对方博弈的目的，属于不完全信息微分博弈，亟待在现有理论与方法基础上发展新的研究手段。

3）随着以深度强化学习为代表的新一代人工智能方法快速发展，依其在自主学习、自我优化方面的优势，处理决策控制问题不受任务模式限制，已在军事、计算机、交通等领域广泛运用，并取得了显著成效[184-187]。尽管这些研究使得深度强化学习算法在控制决策领域得以应用，但在连续空间应用中仍面临与表格强化学习类似的问题，即需要显式表示的操作数量随着操作维数的增加呈指数增长，有待进一步研究改进。

1.5　本书内容与章节安排

1.5.1　本书内容

针对在轨服务所呈现的供需数量不均、空间碎片袭扰以及非合作目标服务等突出风险，本书以当前最先进的人工智能技术为支撑，总体依照"提出问题—解析问题—提供方法—验证分析"的论述思路，阐述一种面向在轨服务全过程的智能规划研究框架，并在此基础上重点介绍"复合服务模式下在轨目标分配""航天器轨道临时规避路径规划"和"航天器轨道博弈策略实时规划"方法。

（1）在轨服务任务规划研究框架

针对任务规划要贯穿在轨服务全过程这一实际需求，对任务规划相关概念进行界定，探索面向在轨服务全过程的任务规划情况处置方式；对在轨服务任务规划进行需求分析，聚焦难点问题，提出本书的主要内容；兼顾任务规划一般求解方式，介绍一种运用智能方法来构建面向在轨服务全过程的任务规划研究框架。

（2）复合服务模式下在轨目标分配研究

面对有限的在轨服务力量采取复合服务模式，服务多个不同轨位、不同重要程度空间目标的实际需求，针对航天器在轨目标分配所呈现的"非线性组合优化"问题，探索如何同时考虑执行效益和能耗效率构建目标分配模型，研究如何发挥 Deep Q Networks 算法前向传输和反向训练的自主运算优势，适用于航天器在轨目标分配问题，介绍一种在复合服务模式下能够依据目标优先级、服务成功概率以及燃耗估计等先验信息进行目标分配的优化方法。

（3）航天器轨道临时规避路径规划研究

面对沿既定转移轨道飞行的航天器，为规避空间碎片需采取临时规划，获得最优规避路径的情况处置需求，针对航天器轨道临时规避所呈现的"多限制最短路径"问题，探寻一种既能表达规避空间碎片相对运动又能兼顾沿既定转移轨道绝对运动的空间运动模型，探索如何发挥人工势场法描述简便、运算迅速和实时规避优势适用于解决航天器轨道临时规避路径规划问题，研究能够综合考虑目标规避、燃料节省、最小偏移以及制动灵活等因素的路径优化模型，介绍一种能够满足不同规避需求与偏好的航天器轨道临时规避路径规划方法。

（4）航天器轨道博弈策略实时规划研究

面对航天器抵近空间目标，为应对非合作目标而采取实时规划，快速获取最优策略的情况处置需求，针对航天器间轨道博弈所呈现的"连续动态交互"问题，尝试将动态博弈与最优控制相结合以有效解决此类序贯博弈问题，探索一种能够有效描述航天器间交互运动的微分对策模型，研究具备多组并行神经网络和共享决策模块的分支深度强化学习架构，介绍一种能够应对双方动态交互、自主性高、及时决策的轨道博弈策略实时规划方法。

（5）在轨服务任务规划系统设计与应用

以在轨服务实验以及地面模拟训练应用需求为牵引，研究任务规划系统建设的基础、需求以及要点，明确在轨服务任务规划系统的应用需求；设计任务规划系统体系架构，构建任务规划系统功能架构，实现系统体系化、模块化、易操作、易扩展、易维护特性；以案例想定为背景，应用在轨服务任务规划系统，检验在轨服务任务智能规划方法的可行性和有效性，以更好地满足在轨服务任务规划需求，从而能够为在轨实验或地面模拟训练提供有力支持。

1.5.2　章节安排

依据研究内容，将本书分为 7 章，按照研究问题提出（第 1 章）、问题解析（第 2 章）、方法论研究与案例验证（第 3～5 章）以及系统设计及应用（第 6 章）的顺序展开，最后进行总结与展望（第 7 章），如图 1-7 所示。

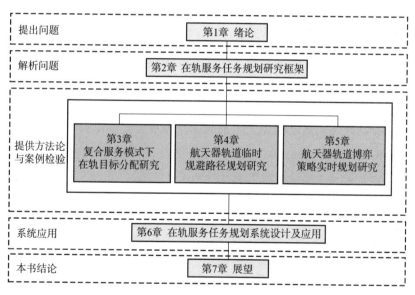

图 1-7　本书章节安排

第 1 章为绪论。提出问题，描述研究背景，阐述相关概念，分析相关任务规划方法发展现状及不足，给出本书的主要内容与章节安排。

第 2 章为在轨服务任务规划研究框架。面向在轨服务全过程，在对在轨服务任务规划概述的基础上，进行需求分析并明确研究内容，介绍运用智能方法来构建在轨服务任务规划研究框架。

第 3 章为复合服务模式下在轨目标分配研究。以智能规划研究框架为依托，面向事前规划情况处置需求，满足复合服务模式特征，以发挥 Deep Q Networks 前向传输和反向训练的自主运算优势用于解决航天器在轨目标分配问题为研究思路，通过目标分配问题描述与建模，介绍一种基于改进 Deep Q Networks 的目标自主分配算法，并通过案例分析检验算法的对比优势和适用性。

第 4 章为航天器轨道临时规避路径规划研究。以智能规划研究框架为依托，面向临时规划情况处置需求，应对空间碎片袭扰问题，以发挥人工势场法描述运算迅速、实时规避优势用于解决航天器轨道临时规避路径规划问题为研究思路，通过轨道规避问题描述与建模、基于 Frenet 坐标系的轨道规避机动描述，介绍一种基于 Frenet 和改进人工势场的轨道临时规避路径生成算法，并通过案例分析检验算法的对比优势和适用性。

第 5 章为航天器轨道博弈策略实时规划研究。以智能规划研究框架为依托，面向实时规划情况处置需求，应对非合作目标，以动态博弈与最优控制相结合有效解决航天器轨道博弈问题为研究思路，开展轨道博弈问题描述与建模、均衡策略的存在性与一致性分析，介绍一种基于分支深度强化学习的轨道博弈策略求解算法，并通过案例分析检验算法的对比优势和适用性。

第 6 章为在轨服务任务规划系统设计及应用。以在轨服务以及地面模拟应用需求为牵引，介绍了任务规划系统建设的基础、需求以及要点，设计了任务规划系统体系架构，构建任务规划系统功能页面；以案例想定为背景，综合检验在轨服务任务智能规划方法的可行性与有效性。

第 7 章为展望。总结本书研究的主要工作，展望下一步研究方向。

第2章 在轨服务任务规划研究框架

在轨服务任务规划主要是指在轨航天器对目标分配、轨道机动以及服务实施等要素和活动进行科学的统筹与规划。以动态交互为特征的任务规划，总是与其规划需求密切相关，对时效性、可控性以及自主性的追求构成了智能规划发展的内在驱动力。弄清在轨服务任务规划的分类及特点、阶段划分及问题描述、情况处置与规划流程，分析规划需求与难点问题，剖析一般求解方式及其求解难点，将有助于进一步深刻把握任务规划核心要义，提出基于智能规划的研究框架。

2.1 在轨服务任务规划概述

在轨服务任务依执行过程可分为目标分配、轨道机动和服务实施三个阶段。在轨服务任务规划，按情况处置可分为事前规划、实时规划和实时重规划三种，依规划流程可分为信息要素、目标分解、约束分析和决策计算四步。

2.1.1 阶段划分及规划概述

面对环境的复杂性、任务的连续性以及服务目标的动态可变性，在轨服务要求任务规划贯穿在轨服务的始末。对于这样一个持续周期较长的任务规划问题，采用分阶段分类规划策略，将一次在轨服务任务分为目标分配、轨道机动和服务实施三个阶段[188]，各阶段对应特定的任务规划问题。在轨服务任务规划的阶段划分如图 2 - 1 所示。

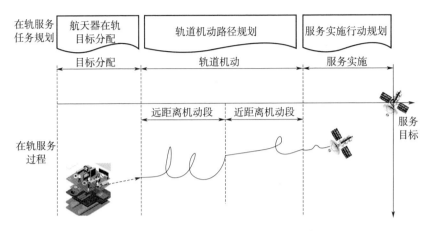

图 2-1 在轨服务任务规划的阶段划分

（1）航天器在轨目标分配

通常，目标分配是任务规划的起始环节与重要部分，是在掌握情况的基础上，基于环境、资源、目的等因素，经科学计算、逐步深化、不断完善，进而确定力量、目标、行动、策略的决策过程。目标分配正确与否，能否精准决策，直接决定着在轨服务的进程与效果。

由于太空环境的不确定性，特别是服务目标的轨道运动特性，致使某些时段、某些区域的服务目标突然相对集中，临时任务凸显，需要临时增派力量或紧急分配任务。由此，航天器在轨目标分配，需要依照任务使命，根据当前轨位情况，结合各服务目标的优先级，考虑各类在轨资源条件，筛选效益指标，并要注重考虑、预估后续轨道机动阶段以及服务实施阶段的执行效果，并以此为目标进行规划，从而为在轨航天器分配服务目标、确定服务策略、选定轨道转移方式、制定服务发起时间和持续时间。

（2）轨道机动路径规划

轨道机动是在目标分配之后，航天器为到达服务目标轨位附近而进行的轨道转移过程。依据航天器与服务目标的空间距离以及机动路程，可将轨道机动分为远距离机动段和近距离机动段[189]。其中，远距离机动段是指航天器根据分配任务离开原轨道后，完成若干次轨道机动，直至航天器搭载的敏感器捕捉到服务目标的过程；近距离机动段是指从航天器搭载的敏感器捕获服务目标起，到航天器飞行至服务目标附近某一点为止，从而捕获目标轨道、减小接近速度。

轨道机动路径规划，通常要考虑与其相关的轨道高度、速度冲量、多体环境等任务要求，然后评估完成轨道机动能够采取的地球同步轨道、椭圆轨道或 Lagrange 点轨道的可用性，再根据前期的目标分配进行轨道设计的折中：是否使用圆轨道、是否使用偏心率轨道，进而选择轨道高度和倾角，确定机动选项代价，最终形成轨道设计方案。此外，实现在轨服务任务的轨道机动，还触及时空系统、任务约束、受力分析、轨道设计和轨迹优化等方面，对时间、空间、能量，甚至必经点、回避点、飞越点、绕飞点等有明确要求，涉及多约束多变量最短路径问题。

（3）服务实施行动规划

服务实施通常是指航天器轨道机动至服务目标附近时，对目标开展相关服务的过程。服务实施是完成整个在轨服务任务的核心环节，对服务目标开展精准操控，以达到预期效果。

服务实施行动规划是航天器在抵近服务目标时，为满足服务实施所需的位置、速度、相对姿态和角速率等必要条件，选定行为、确定策略的过程。服务实施行动规划要着眼于服务目标可能做出的所有反应，积极应对不确定行为所造成的一切不利影响，科学决策、精准规划，始终掌握主动权，确保整个在轨服务任务顺利完成。

2.1.2　在轨服务任务规划过程分析

在轨服务任务规划需具备对各种情况进行有效处置的能力，并能够根据科学的流程进行有效规划。

2.1.2.1　任务规划情况处置

在轨服务任务规划主要面向太空环境及在轨服务任务，规划所得结果要细化到可实施的策略或方案。但在实际应用中，太空环境、任务需求、目标状态往往在动态变化，经常出现实际情况与事前规划不相符，前序任务执行效果与计划不一致，甚至遇到在轨设备故障、人为失误、碎片袭扰等突发情况，从而导致任务的延迟或取消。由此，需要在事前规划的基础上，考虑最新战场态势及任务需求，进行临时规划调整或者实时规划，更新在轨服务方案，以及时确定下一步的策略及行动。

面向在轨服务全过程，对于这样一个持续周期较长的任务规划问题，采用图 2-2 所示分阶段分类规划策略，采取三种处置方式，即事前规划、临时规划以及实时规划[190]。图 2-2 中，事前规划覆盖在轨服务全过程，重在预先谋划；临时规划应对在轨服务行动过程中的临时性事件，重在及时调整；实时规划重点运用于服务实施过程，重在应急处置。

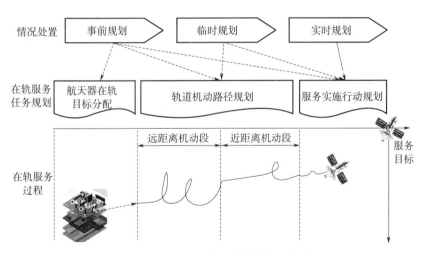

图 2-2　在轨服务任务规划的处置方式

（1）事前规划

事前规划是航天器执行在轨服务任务之前，根据对空间态势、服务目的、目标情况的掌握，结合航天器力量属性以及在轨资源情况，确定目标分配策略、轨道机动路径以及服务实施方案的过程。事前规划注重规划策略的完备性、翔实性以及可实施性。

事前规划是在轨服务任务规划的核心环节与重要组成部分，是在掌握服务目标的基础上，基于环境、资源、目的等因素，对目标分配、轨道机动和服务实施全过程，经科学计算、逐步深化、不断完善，确定目标、路径、策略的决策过程。事前规划合理与否，直接关系到在轨服务行动方案的可执行性，影响在轨服务全过程。

（2）临时规划

临时规划是在轨服务行动中，面对空间碎片、空间扰动等临时性事件，事前规划方案难以继续实施，需根据当前空间态势、目标状态以及事件时序的变化，进行临时规划、调整的过程。临时规划注重对原定策略的可延续性，力求以最少的修改、最小的代价让原定策略持续可用。

临时规划是应对临时性事件的有效措施，是在掌握空间态势演变的基础上，基于事前规划方案，对轨道机动和服务实施过程中出现的临时性事件，进行条件设定、策略调整和方案修改，进而使策略及方案满足现实情况的过程。临时规划是否有效，直接关系到任务是否能够持续，影响在轨服务的进程及结果。

（3）实时规划

实时规划是当在轨服务行动中出现不可预见的突发情况或对原定策略有较大偏差时，以当前最新情况为基础对该时刻之后的行动策略以及实施方案进行实时规划，重新生成策略或方案的过程。实时规划注重对突发情况或策略偏差的应急处置能力，力争在最短时间里获得最优策略，在确保任务能够继续的同时，将执行风险降至最低。

实时规划作为应对紧急突发情况的有效方式，要在获取实时态势的基础上，以事前规划和临时规划方案为基础，积极应对突发事件所造成的一切不利影响，科学决策、快速规划，有效应对发展态势不知晓、信息层面不沟通、先验知识不完备等特征下的任务规划问题，从而确保整个在轨服务任务的顺利完成。实时规划是否可行，直接关系到在轨服务结果，影响任务执行的完成度及效果。

2.1.2.2 任务规划流程

在轨服务任务规划主要依据总体服务意图制定的任务清单和目标当前状态，结合任务的目标期望，在满足各项条件约束并保证资源有效、可用的前提下，有效调度各项在轨资源，对各阶段进行任务规划，输出可执行的最优策略或方案，并对在轨服务的任务完成度、执行效益等指标进行评估与优化，检验规划所得结果的合理性。任务规划流程如图 2-3 所示。

（1）任务信息要素

在轨服务任务规划的输入主要包含五方面信息要素：一是资源要素，即直接运用于在轨服务任务的在轨航天器，通过在轨数量、载荷类型以及服务能力等指标进行表征；二是时间要素，其表现形态主要包括服务时机、行动速度、持续时间等；三是空间要素，主要包括物理空间、电磁空间、轨道状态等客观条件；四是行动要素，主要包括空间机动、轨道规避和轨道博弈等；五是信息要素，主要含括目标信息、环境信息和指控信息等。

（2）任务目标分解

在轨服务任务规划中需要对任务信息要素进行整合与分解，转化为各阶段任务。其中，航天器在轨目标分配主要包括目标选定、等级评估、资源分配、力量调度和方案制定等内容；轨道机动路径规划主要包括力学计算、方式选取、轨道设计和轨迹优化等内容；服务实施行动规划主要包括目标锁定、轨位抵近、行动规划和策略生成等内容。

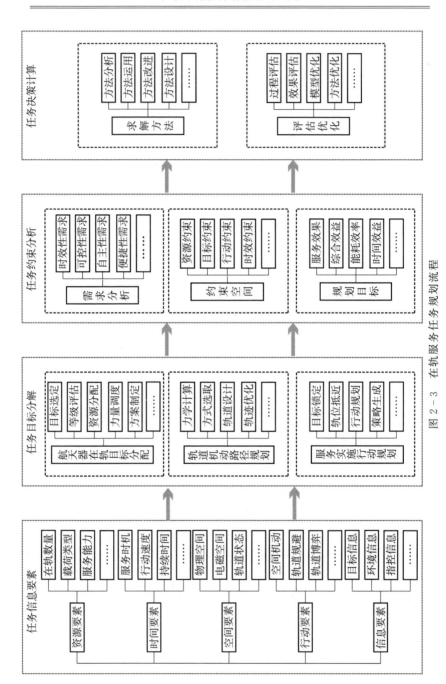

图 2 - 3　在轨服务任务规划流程

（3）任务约束分析

根据各阶段的分解任务开展相应的需求分析和约束梳理，明确资源、目标、行动和时效等方面的约束空间，掌握可控范围，从服务效果、综合效益、能耗效率以及时间效益等方面建立规划目标。

（4）任务决策计算

任务决策计算是在轨服务任务规划流程中的核心步骤，以规划目标为牵引，根据任务信息要素，综合各项任务约束，运用或设计最合适的规划方法对各阶段任务开展求解与计算。依据一般求解方式，其间可分为问题描述、问题建模、方法求解和结果评价，最终获得可执行的事件列表和实施方案，并提供经仿真验证的可行性分析报告。

2.2　在轨服务任务规划需求分析

随着在轨服务范围和职能的不断拓展，增添了在轨服务任务的不确定性和不可预见性，给任务规划带来了新问题、新挑战，催生出智能规划应用的新需求。本节在对在轨服务任务规划总体需求进行分析的基础上，聚焦供需数量不均、空间碎片袭扰以及非合作目标突出风险，提出本书重点阐述的三个问题。

2.2.1　总体需求分析

在轨服务任务在传统任务规划要求的基础上，更加突出强调时效性、约束性和自主性三方面需求，这是本书研究在轨服务任务智能规划的总着眼点。

（1）时效性需求

通常来说，航天器在轨服务与常规在轨运动相比较，各自任务规划对时效性需求是有所不同的。航天器常规在轨运动，如轨道转移、姿轨调整等，所涉及的任务规划，时效性要求并不明显，相反，更为注重对燃料的节省。与之相比，在轨服务则更加注重时效性。

首先，航天器每次参与服务的时间、空域和性质都不尽相同，服务的直接目的和任务、使用的方式各有差异，太空环境更是瞬息万变，这就使服务进程呈迅速向前流动的态势，在不同时间、不同轨位具有不同的特征，导致在轨服务在不同时期具有显著的动态差异性。其次，在轨服务是航天器与服务目标的动态交互，这又造成了在轨服务具有明显的快速的连锁反应。航天器在轨服务的这种显著的动态差异性和快速的连锁反应，无疑使其任务规划要具备明显的时效性。

在轨服务这种不能延误时机、行动相对迅速的客观要求，决定了其任务规划必须讲究时效性。随着航天技术的快速发展及其在指挥控制方面的逐步应用，任务规划的时效性需求将更为突出、更为显著。一方面，传统的任务规划方式是由地面中心提前制定，再由运控系统将指令上传至在轨航天器，其间时间跨度大、效率低，难以及时应对当前局势，实时规划更难以实现。另一方面，随着航天器性能提升的速度明显加快，在轨服务可以更加快速有效。据报道，美国轨道飞行器，能以二十几倍声速在轨机动，并具备 2h 全球服务的能力。这就需要改变规划模式、改进规划技术，缩短从情况发现到方案制定的时间间隔，提升任务规划的整体时效性。

（2）可控性需求

在轨服务是常规在轨运动的特殊形式，具有明显意图、目的和价值导向的任务规划将起主导作用。与常规轨道转移及其轨道调整不同，在轨服务的任务规划总是服务于任务需要，紧密结合目的和意图而实施。在轨服务任务规划，在约束空间上表现为对服务样式、机动方式、相对位置、燃料消耗以及时间效率等的控制与选择。任务规划约束空间的控制与选择，受内外部各种因素的决定或制约。从内部结构来看，约束空间的控制与选择主要受制于在轨航天器的属性、性能以及状态。从外部条件来看，约束空间的控制与选择受制于所处环境和服务目标状况，如多体摄动、轨道环境、目标轨位、目标属性以及飞行状态等。此外，在轨服务在形式上要遵循空间科学、轨道动力学以及控制学的特征规律，因而任务规划必然要具有明显的可控性。

任务规划的可控性，并不意味着任务规划是在轨服务的主观形式而非客观体的存在形式或属性。恰恰相反，任务规划的可控性由于反映了在轨服务的动态交互属性，因而可以说，任务规划的可控性正是动态交互的客观性在航天器上的特殊表现。任务规划的可控性并非按照主观意愿而随意选择，客观的空间态势、太空环境、航天器性能、目标特征等，决定着其约束空间的控制范围和界限。任务规划约束空间的控制虽然不能超越客观条件规定的可能性范围，但约束空间仍然具有极大的可控制性或选择性。航天力量的运用、机动轨道的设计、应急情况的处置，都是根据特定的环境和条件，从可能性约束中选择实现的，即可将约束空间转化为可行空间。因此，任务规划的成功与否，在相当大程度上取决于对约束空间的控制与选择。

（3）自主性需求

在轨服务任务规划的自主性需求，主要是指规划流程中任务决策计算的自动与自主。在轨服务不同于常规在轨运动，尤其轨道机动和服务实施较任何别的在轨行为更带有流动、变化的特点，其任务规划要准确反映不断变化的客观情况，就必须随着这种变化而快速调整。特别是在轨服务这种技术手段高端密集、服务行动精确快速的行为样式，其指挥控制和行动实施的节奏明显加快，各种服务样式和服务形式的转换特别频繁，时机稍纵即逝，提升从任务下达到方案执行间任务规划的自主性，提高策略生成速率，将是进一步提升服务效果的一种有效措施。

在轨服务是航天技术高度发展的产物，其过程复杂，自动化、智能化程度高，任务规划则需更加注重对精准度、时效性以及应急性的要求，既要严格按照任务规划的程序、步骤行事，又要从不断创新规划体系与模式，从前沿科技提供的理论、方法和手段着手，最大限度地提高任务规划的自动性和自主性。然而，当前地面规划、人工作业的方式难以应对空间千变万化的局势，难以满足快速响应、灵活机动的应用需求。因此，需要逐步由地面人工规划向天基自主规划转变，向智能规划发展，以缓减地面压力，节约运营成本，减少星地交互，提升快速响应、自主决策能力，进一步具备下达即实施的智能规划能力。

2.2.2　主要研究问题

在轨服务任务规划贯穿在轨服务全过程，不仅要涵盖目标分配、轨道机动和服务实施等常规任务，还需重点关注一些情况复杂、临时性强、突发难应对的事件。为了更好地解决在轨服务任务规划问题中的方方面面，对以下三个难点问题进行分析，以明确本书阐述的重点。

（1）复合服务模式下目标分配问题

事前规划涵盖在轨服务目标分配、轨道机动和服务实施全过程，需要为在轨服务行动提供科学有效的目标分配策略、轨道机动路径和服务实施方案，涉及环节多、范围广、内容复杂。由于在轨服务的轨道特性，一旦选取了在轨航天器、确定了服务目标，结合变轨方式便可计算出速度冲量、设计出空间转移轨道，再根据航天器所搭载的载荷类型便可制定服务实施方案。随着航天科技的发展，航天器轨道动力学、轨道机动路径设计、转移轨迹优化以及载荷运用等技术研究已较为成熟，能够在轨道机动和服务实施方面为事前规划提供有效支撑。相比较，航天器在轨目标分配作为事前规划的重要环节，作为轨道机动路径规划和服务实施策略规划的前提，目前仍处于相关研究较少、技术支撑缺乏的状态。

当前，航天器在轨目标分配主要考虑一个航天器服务一个空间目标（简称"一对一"）或一个航天器依次服务多个空间目标（简称"一对多"）模式。随着在轨服务行动样式的不断拓展，空间幅度和范围将越来越大，快速性将越来越强，服务过程也将越来越复杂。为了提升在轨服务效果与成功概率，一个航天器依次服务多个

目标（简称"一对多"）与多个航天器同时服务一个目标（简称
"多对一"）相结合的复合服务模式也逐步被采用。相较单一服务模
式，这种复合服务模式需要兼顾力量投入、资源分配以及服务效果，
对事前规划的综合决策能力要求高，目前还需借助人工辅助方式。
由此，突破传统单一分配原则，适应复合服务模式，最大限度地实
现资源最少投入与服务效果最大化，是当前航天器在轨目标分配需
要考虑的重点问题。

　　航天器在轨目标分配，要面对多个空间目标，各目标轨位不同、
类型不同、服务优先级不同；要考虑众多因素，有资源因素、燃料
因素、载荷因素以及时效因素等；要构建多个目标，即执行效益目
标和能耗效率目标等，通过科学计算，为航天器分配一个或一组有
序的目标任务，在最大限度完成任务的基础上最优化在轨服务体系
的整体效率和资源配比。这一过程主要解决"谁服务谁"的问题，
本质上是非线性组合优化问题，属于多项式复杂程度的非确定性
（NP）难题。常用的规划方法有整数规划、遗传算法、蚁群算法和
粒子群算法等，但实际应用中却发现，这些方法由于算法限制需要
分别处理"一对一"和"一对多"决策问题，对复合服务模式下的
目标分配问题适用性存在明显不足。因此，需要适应在轨服务发展
所呈现的复合服务模式，聚焦目标分配所面临的非线性组合优化问
题，改进方法手段，提出有效的目标分配方法，在提高目标分配综
合效益的同时，有效控制资源投入的效费比。

　　（2）轨道临时规避路径规划问题

　　临时规划是在事前规划的基础上，为有效应对临时性事件而进
行的策略调整和方案修改。临时规划涵盖轨道机动和服务实施过程，
当面对空间碎片袭扰以及机械故障等临时性事件时，对原定策略或
方案进行临时调整、修改，力求以最少的修改、最小的代价让原定
策略持续可用。

　　航天器执行在轨服务任务，通常依照事先确定的轨道样式、偏
心率、高度和倾角等轨道参数行事。然而，在轨航天器的固有特性

决定了其脆弱性,空间环境下的轨道机动更易受到干扰和威胁。美国在一系列航天法规文件中专门提到航天器飞行所面临的来袭威胁与空间碎片危害。当前,地面规划、数传上注的指控方式,耗时较长、时延明显,难以有效应对空间碎片袭扰等临时情况。如何有效改进应对措施、提高航天器主动防御能力,是当前临时规划需要考虑的重点问题。

航天器轨道机动路径通常会依据所采取的机动方式提前规划,并会根据空间碎片数据库考虑规避防御问题。但太空环境动态变化、变幻莫测,年均15%的新增太空碎片,均会对轨道机动中的航天器造成巨大威胁。美国在2018年就提出了碰撞规避的概念,并指出"碰撞规避是指通过移动航天器,避免航天器同即将接近的危险物体相撞,以确保航天员和太空载荷的安全"。突遇这类临时性事件时,为了确保在轨服务的顺利执行,防止航天器受到破坏,需要临时对轨道规避路径进行规划,快速实现规避机动。这意味着,轨道临时规避路径规划不仅要避开空间碎片,更要考虑燃料消耗的最小性、轨道偏移的最优性,同时还受规避方式、制动时效等因素的共同限制,属于一种多限制最短路径问题。目前,国内外已经进行了大量关于航天器交会/拦截、绕飞/伴飞、掠飞/遍历巡防等方面的研究,与其相比,规避机动及其路径规划的研究同样具有重要的应用价值,同样具有复杂而又相通的数学、物理过程,但当前却只给予了较少的关注[191]。由此,轨道临时规避作为重要的在轨主动防御技术,其路径规划方法与技术急需得到进一步发展,这样才能有效地确保航天器在轨飞行的安全性和生存性。

(3)轨道博弈策略实时规划问题

在轨服务实施过程中,航天器距离目标很近,而目标行为却难以预判,若为非合作目标,给予航天器反应的时间极短,事前规划、临时规划均难以处置。为确保在轨服务任务能够完成,需要采取实时规划,在最短时间内获取最优策略。

目前,在轨服务任务规划大多建立在完全信息假设的基础上,即假设服务目标为合作目标，航天器既能准确获得用于规划的所有目标信息，也能掌握目标在轨飞行状态及行径。然而，大量的论证研究以及资料显示，航天器抵近常规在轨目标，此类目标极有可能为非合作目标。如此一来，航天器将无法继续执行原定的在轨服务任务，甚至难以准确获取目标下一步的飞行方向，不能再做出完全理性的决策，导致在行动过程中要考虑与目标的轨道博弈问题。如何运用不完全的态势信息、有限的知识经验，获得当前状态下最合理的行为策略，是实时规划需要考虑的难点问题。

从航天器视角看待轨道博弈问题，是在仅知自身状态和目标当前有限状态、未知目标未来行为策略的条件下，采取最优行为并最终完成空间逼近的一个动态博弈过程。轨道博弈中的空间目标，除了在一个连续且动态变化的太空环境中活动外，还具有典型的非合作性，即信息层面不沟通、机动行为不配合、先验知识不完备等特性。航天器轨道博弈是轨道最优控制与动态博弈的深度融合，是典型的面向不完全信息的序贯决策过程，其实质是一个双边控制的连续动态交互问题。与一般的最大或最小控制问题不同，航天器轨道博弈涉及双方行为策略的平衡，其问题维数增加了一倍，还要实时考虑双方信息条件，序贯决策博弈模型复杂，事前规划以及临时规划方式存在明显不足。目前，与航天器轨道博弈有关的研究工作还处于探索阶段，需要加强轨道博弈策略实时规划方向的研究，以提升在轨服务中航天器的应急处突能力。

2.3　面向在轨服务全过程的智能规划研究框架

针对在轨服务任务规划问题异构明显、约束条件多、空间庞杂以及动态可变，探索运用智能方法来构建面向在轨服务全过程的任务规划研究框架，从而更敏锐地感知任务与环境的动态变化，更快速地改进求解方向，在任务规划过程中更好地体现自主交互、自我学习、自动反馈的人工智能思想。

2.3.1　智能规划求解方式

任务规划问题的一般求解方式通常分为问题描述、问题建模、方法求解和结果评价，运用于在轨服务任务规划却可能在异构性、约束性、空间性和动态性方面存在难点。为此，在发挥一般求解方式优势的基础上，探索并提出一种智能规划求解方式。

2.3.1.1　任务规划问题的一般求解方式

任务规划问题是筹划领域经常面临并需要重点解决的问题，任务规划问题的一般求解方式[193]如图 2-4 所示。

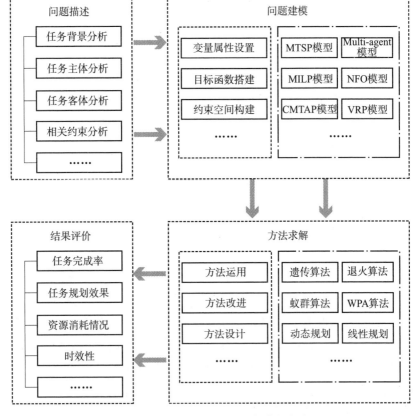

图 2-4　任务规划问题的一般求解方式

任务规划问题的求解一般可分为问题描述、问题建模、方法求解和结果评价。首先，在问题描述中要重点解决任务背景分析、任务主体与客体分析和相关约束分析等内容。然后，在问题建模过程中需重点解决变量属性设置、目标函数搭建以及约束空间构建等内容。接着，在方法求解中主要是运用或设计最合适的方法对任务规划问题进行求解。最后，在结果评价过程中要从任务完成率、任务规划效果、资源消耗情况以及时效性等方面对任务规划结果进行有效评估。

在轨服务任务规划很有可能遇到供需数量不均、空间碎片袭扰以及非合作目标等突出风险，规划问题异构明显、约束条件多、空间庞杂以及动态可变，进而为一般求解方式的运用增添了难度。

（1）异构明显

异构反映了事物的多样性，而事物多样性是复杂特性的必要因素之一[193]。在轨服务任务规划的异构性涉及多目标服务、多资源调配以及多情况处置，这对一般求解方式的运用增加了不小的难度。

（2）约束条件多

对于在轨服务任务规划，除了问题分析过程中需要考虑各类约束条件，建模过程中还要研究航天器机动能力约束、载荷服务能力约束、在轨资源约束、目标状态约束以及太空环境约束等，导致求解约束条件多且关系复杂，有的相互间还存在耦合关系，从而大大增加了数学建模的难度。

（3）空间庞杂

在轨服务任务规划可能会同时涉及多个不同轨位的目标，多项不同情况的任务，多种不同类型的服务方式在不同阶段间还有一定时序或其他耦合关联，致使求解空间变得更为庞杂。同时，任务规划问题求解方式的性能所受影响因素较多，可能会因某些小变化而引起效果突变，甚至导致方法求解中断。这些都使得任务规划的非线性化程度递增、决策优化多样性更强，求解方法设计的难度和复杂度将变得更高。

（4）动态可变

在轨服务任务规划如轨道机动、服务实施等均具有一定的时序关系，加之太空环境难以完全掌握，使得任务规划和实施的不确定性剧增。环境变量随时可能改变、目标状态随时可能转变、突发事件随时可能发生，这些不确定因素直接导致了任务规划问题的动态可变，需要及时更新任务并进行临时规划或实时规划，这就对任务规划求解方式的应变能力提出了更高要求。

2.3.1.2　任务规划问题的智能规划方式

一般求解方式是指从问题描述至问题建模再到问题求解的单向求解流程。这样的方式当然可以得到结果，但递进性特征明显、过程相对割裂，例如对于轨道博弈这类动态性、往复性明显的规划问题就难以权衡与适用。

智能规划主要是指运用相关智能技术来解决若干任务规划问题，是人工智能在任务规划领域的应用，将能够发挥人工智能技术自主学习、自我优化、易使用、易收敛以及适应性强等方面的优势，更有效地应对在轨服务任务规划问题所存在的异构明显、约束条件多、空间庞杂以及动态可变等难点。

在与环境实时交互的智能规划中，通常将进行自主学习及实施决策的机器称为智能体（Agent），将智能体之外所有与其相互作用的事物统称环境（Environment），将任何想要做的动作或者决策称为行为（Act）[194]。基于此，表 2 - 1 搭建了在轨任务智能规划问题要素与智能规划方法要素之间的对应关系。

表 2 - 1　在轨任务智能规划问题要素与智能规划方法要素的对应关系

在轨服务任务规划问题要素	智能规划方法要素
在轨航天器	智能体
太空状态	环境
策略	行为
效果回报	奖励

续表

在轨服务任务规划问题要素	智能规划方法要素
任务规划过程	自主训练过程
任务规划最佳策略	持续奖励最大的行为

在智能规划中，无论是深度神经网络中最核心的"反馈"机制，还是强化学习中体现的"执行—奖励"过程、"经验回放"思想等，都注重与环境的动态交互、与目标的应答响应。图 2-5 展示了一般求解方式与智能规划求解的对应关系。在智能规划求解中，一般求解方式中的问题描述将由环境感知与传感交互替代；问题建模将由交互和学习进行表征；方法求解将由自我学习、更新进化以及自动反馈组成；结果评价将由反馈机制和网络更新体现。

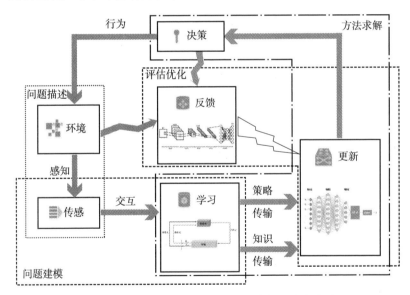

图 2-5　一般求解方式与智能规划求解的对应关系

这种智能规划方式体现了任务规划过程中自主交互、自我学习、自动反馈以及更新进化的思想。其中，自主交互增强了对有效信息的获取能力，能更有效地应对各种不完整、不完全、非结构化的空间态势；自主学习是基于与当前态势的交互，凭借智能方法获取自主决策能力；自动反馈是将决策行为在环境所产生的效果通过奖励机制反馈给智能体，有助于提高全局决策、应急处突的能力，是形成高效安全可靠方案的重要环节；更新进化是基于经验累积和试错机制形成有效的智能进化范式，是实现类脑智能水平的基础与核心。

2.3.2　智能规划研究框架

随着航天技术和在轨服务手段的不断拓展，在轨服务任务规划也将发生变化：一是任务规划范围由事前规划向在轨临时规划和实时规划拓展；二是服务模式由"一对一"或"一对多"单一模式向"一对多"与"多对一"相结合的复合服务模式拓展；三是规划过程由单目标要素向多目标全要素拓展；四是规划方式由人工辅助向自主规划拓展。为了进一步适应这些变化及需求，发挥智能规划求解方式优势，下面介绍一种面向在轨服务全过程的智能规划研究框架。

2.3.2.1　典型问题的智能规划框架

该智能规划框架以在轨服务中目标数量、轨道根数、航天器力量分布以及临时事件和突发情况信息作为输入，通过相应的任务规划模块，综合考虑燃料消耗、时效性以及成功率等约束条件，经过智能算法自主求解，从而获得最优规划结果。智能规划框架面向在轨服务全过程，能够有效满足事前规划、临时规划和实时规划需求。其中，事前规划是临时规划和实时规划的基础，事前规划框架所得策略及方案将作为临时规划框架和实时规划框架的输入，临时规划框架是对事前规划的修改与调整，实时规划框架则是对事前规划及临时规划的扩充与完善。

结合本书研究的主要问题，以复合服务模式下在轨目标分配问题、航天器轨道临时规避路径规划问题和航天器轨道博弈策略实时规划问题为例，构建了面向在轨服务全过程的智能规划研究框架（见图 2-6）。

（1）复合服务模式下在轨目标分配

目标分配是事前规划中面临的首要规划问题，是在轨服务任务规划的重要环节。事前规划中的目标分配，准备时间、规划时间相对充裕，为提高在轨服务成功概率、提升整体服务效能，航天器在轨目标分配不仅要满足复合服务模式需求，还要综合考虑执行效益和能耗效率，兼顾燃耗、时效性和鲁棒性等因素，从而更好地替在轨航天器选定服务目标、确定服务次序。

该部分将执行效益和能耗效率作为最优分配目标，以目标数量、轨道根数、航天器力量分布情况作为输入，综合考虑指派约束、燃耗约束以及时效约束等因素条件，通过复合服务模式下在轨目标分配算法，实现执行效益和能耗效率的均衡发展，从而获得复合服务模式下的最优分配策略。

（2）航天器轨道临时规避路径规划

轨道临时规避问题既可能在航天器轨道机动中出现，亦可能在服务实施过程中出现，是临时规划要应对的典型问题。轨道临时规避路径规划，面对在轨服务行动过程中空间碎片袭扰，原定方案虽难以持续，但仍有一定的决策时间，因此需要临时进行路径规划，及时采取轨道机动。

该部分将轨道动力学、天体力学作为技术基础，以事前规划所得的目标分配策略以及空间转移轨道作为先决条件，以侦获到的空间碎片状态信息作为输入，综合考虑燃料消耗、最小偏移、制动时效等因素，借助 Frenet 坐标系简便表述空间规避运动，通过航天器与空间碎片的人工势场自主生成最优规避路径，以满足不同的规避需求与偏好。

（3）航天器轨道博弈策略实时规划

非合作目标是实际在轨服务任务规划中不得不考虑的核心问题，亦是事前规划难以完全考虑的特殊事件。航天器轨道博弈策略实时规划，预留决策时间极短，需要及时对非合作目标行为做出快速反应，因此需要以时效性更高的实时规划方式进行处置。

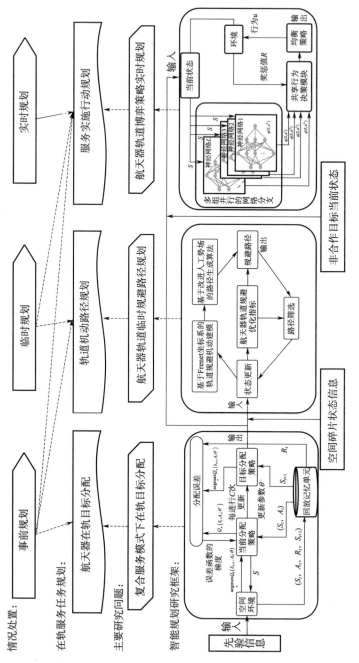

图 2 - 6　面向在轨服务全过程的智能规划研究框架

该部分以事前规划和临时规划所得的目标分配策略以及空间转移轨道为先决条件，仅以非合作目标当前有限状态以及之前行为作为输入，在未知非合作目标未来行为策略的条件下，借助微分对策描述航天器与非合作目标之间的相对运动，将博弈论与控制理论相结合，通过具有多组并行神经网络和共享决策模块的分支深度强化学习架构，从而为航天器实时获取轨道博弈的均衡策略。

2.3.2.2 智能规划优势分析

智能规划运用于在轨服务任务的意义在于其很好地迎合了在轨服务任务规划需求，适用于任务规划一般求解方式，并能克服一般求解方式所存在的不足。紧跟在轨服务未来发展趋势，智能规划的运用可以为在轨服务任务规划带来以下优势：

（1）进一步满足各指标需求

从在轨服务指标需求上看，其任务规划注重时效性、约束性以及自主性，需具备更有效的在轨分配策略、更灵活的轨道机动能力、更多样的服务实施手段，这无疑使问题求解提高了规划精度，增加了决策难度，对整体规划水平提出了更高要求。面向在轨服务任务规划需求，充分考虑各项指标及约束，具有更高规划水平、更快决策方式的智能规划技术能够取得一般求解方式无法企及的求解效果。

（2）进一步实现一体化模式

问题描述的异构与复杂化虽提升了任务规划对实际在轨服务的适用性，但也在很大程度上增添了问题求解后续环节的难度。在一般求解方式中，问题建模、方法求解以及评估优化等各环节往往分开执行，且考虑的情况较为单一，而现如今多样的任务需求、庞大的约束空间和不确定的事态发展，要求在轨服务不得不接受多样化的任务格局和一体化的规划模式。智能规划运用适合的问题建模手段、先进的智能方法以及自主的决策方式将各环节紧密衔接，实现规划模式的一体化，能够进一步解决一般求解方式存在的难点，提升规划整体效率与鲁棒性。

（3）进一步提升智能化水平

智能规划能够通过与环境的实时感知与交互，快速、充分地理解全局信息，自主训练、自主学习，获得不完全信息条件下的最优策略，能够有效应对在轨服务任务规划问题空间庞杂、动态可变等难点，极大地提升任务规划的智能化水平。同时，智能规划还能够很好地应对目标行为的不确定性和任务的动态变更，有针对性地改善动态规划与自主决策效果，对整体提升在轨服务的自动规划能力、自主决策能力以及任务执行效果等起着至关重要的作用。

2.4　本章小结

按照"问题概述—需求分析—框架构建"的研究思路，一是对在轨服务任务智能规划相关概念进行了界定，从事前、临时以及实时三个视角对在轨服务任务规划过程进行了研究；二是从时效性、可控性以及自主性方面对在轨服务任务规划进行了需求分析，指出任务规划将面临"供需数量不均""空间碎片袭扰"以及"非合作目标服务"难点问题；三是创新在轨服务全过程任务规划方法，将任务规划中的问题描述由环境感知与传感交互替代，问题建模由交互和学习进行表征，方法求解由自我学习、更新进化以及自动反馈组成，结果评价由反馈机制和网络更新体现，提出了一种面向在轨服务全过程的智能规划研究框架，从而能够更敏锐地感知任务与环境的动态变化、更快速地改进求解方向，为在轨服务任务智能规划方法的形成奠定基础。

第3章 复合服务模式下在轨目标分配研究

在供需数量不均的条件下，面对多个服务目标，运用有限航天力量进行服务，其目标分配过程最为突出审时谋势，即在目标分配阶段就充分考虑指派约束、燃耗约束以及时效性约束等条件，生成鲁棒性强的分配策略，尽量减小执行过程中策略再调整的可能性。复合服务模式应用需求，不仅要区分对待各服务目标，还要兼顾执行效益与能耗效率的均衡发展，致使航天器在轨目标分配问题呈现多项式复杂程度的非确定（NP-hard）特性，面临较为复杂的非线性组合优化问题[73]。

3.1 目标分配问题描述与建模

描述复合服务模式下在轨目标分配过程，聚焦其特有的复合服务模式需求以及方案鲁棒性要求，指出复合服务模式下在轨目标分配问题的非线性与复杂性特征。将复合服务模式下在轨目标分配问题转换表述为非线性组合优化问题，建立问题优化的目标函数，构建问题求解的约束空间。

3.1.1 问题描述

据统计，截至 2021 年 1 月 1 日，全球在轨卫星共 3 372 颗，越来越多的卫星入轨在有利于航天科技发展的同时，也可能形成更多的在轨服务需求。以通信卫星为例，目前已有国家建成"宽带、窄带、受保护、中继"四位一体的通信卫星体系，具备高速大容量干线通信、节点通信和高速用户接入等通信手段，通信频段覆盖特高频、超高频和极高频，能够提供大容量、及时、稳定的通信服务。

但是，这些投资数亿乃至数十亿元的通信卫星受所携带燃料以及部件老化等因素限制，生命极为脆弱，或许只需要一次意外便会使其服役生涯因此而终止。与此同时，在轨服务技术虽然正在不断发展，有越来越多的在轨服务航天器投入使用，但与庞大的在轨服务需求相比较还是存在"对象众多分散而在轨服务力量有限"的突出问题。

目前，受在轨航天器数量限制，通常采取"一个航天器服务一个空间目标"或"一个航天器依次服务多个空间目标"服务模式[29,74]。然而，单个航天器的服务能力毕竟有限，也难以满足高服务成功概率的实际要求。随着在轨服务技术的不断发展、在轨航天器的增多，将具备多个航天器同时服务一个空间目标的能力，从而使得"一对多"与"多对一"相结合的复合服务模式逐步被采用。

复合服务模式是针对众多不同类型、不同轨位、不同优先级的服务目标，综合考虑航天器投入及效益，同时采取"一对多"和"多对一"分配策略的一种混合模式。相较单一服务模式，此种方式需要兼顾航天器投入量和服务效果，对分配方法及模型的综合决策能力要求较高。此外，在不确定环境下，面对策略执行过程中各种突发情况，策略最优性与可行性之间往往相互矛盾，这就对目标分配有较高的鲁棒性要求。因此，航天器在轨目标分配过程涉及多目标、多约束、不完全信息以及不确定性等多重因素交互影响，致使目标分配过程呈现出多样化特征，这些因素造就了复合服务模式下在轨目标分配问题的非线性与复杂性。

运用多个航天器对多个空间目标进行服务，不同于一般的轨道任务，是为完成在轨服务任务经过对目标优先级和航天器至各目标成本的综合评判，制定最优目标分配策略的过程。这其中蕴含了目的、过程和属性三层含义：首先，在轨服务目标分配是航天器有目的、有限制、面向目标的主动行为；其次，在轨服务目标分配是一个均衡过程，是面对各种条件限制带来的不利影响，使最优性与可行性相统一的过程；最后，在轨服务目标分配是要改变在轨航天器原有状态的，即打破航天器已有的惯性飞行甚至不再遵从开普勒定律，以致所考虑的因素与条件均不同于平常。航天器在轨目标分配，需要考虑多个服务目标、多类条件限制、多项优化目的，可以视为一种非线性组合优化问题，需重点把握以下几点：

　　1）明确任务执行优先级、时序关系、逻辑关系等要求。

　　2）掌握服务目标属性、轨位、状态以及优先级、服务成功概率等先验信息。

　　3）充分考虑航天器在轨数量、状态以及燃料存量等因素。

　　4）注重构建指派性、鲁棒性、时效性以及燃料消耗等约束。

　　5）制定执行效益、能耗效率等规划目标。

3.1.2　目标分配建模

　　考虑供需数量不均的现实情况，面向复合服务模式需求研究目标分配问题，从而为航天器在轨目标分配提供有效的辅助决策。复合服务模式下的在轨目标分配问题研究，其实质是指运用数学理论和科学计算技术，对在轨目标分配问题进行定量方面的分析、描述和运算筹划，从质和量结合的关系上把握目标分配本质及其规律的一种科学范式。然而，面对多优化目标、多约束条件的目标分配问题，为了突出规划重心、揭示问题本质，在数学建模、科学计算过程中需要借助高度抽象的数学化模型进行研究，需要对一些相关条件进行合理假设：

　　1）假设目标分配任务执行前，掌握了一定的与目标相关的先验知识，进行了相关的统计分析，使得燃耗估计、目标优先级以及服务成功概率等先验信息可以直接用于任务分配模型的数据输入。

　　2）航天器在轨目标分配过程中，假设航天器具备强大的空间态势感知、及时的指挥和控制、先进的动力系统和强大的在轨运算能力。

　　在问题描述及建模假设的基础上，将复合服务模式下在轨目标分配问题转换为非线性组合优化问题，以执行效益、能耗效率为目标建立问题的目标函数，考虑指派、燃耗、时效性以及鲁棒性等因素构建问题求解的约束空间。

3.1.2.1　目标函数

目标函数假设：太空服务目标 n 个，记为 E_1，E_2，$\cdots$，E_n；在轨航天器 m 个，记为 P_1，P_2，$\cdots$，P_m；采取复合服务模式，即每个航天器可以依一定次序服务多个目标，每个目标都会接受服务且可分配多个航天器进行服务；航天器所有载荷的服务范围相互重叠，即每个载荷都可以对任意目标进行分配。

追求以执行效益和能耗效率均衡发展为优化指标，构设下列目标函数

$$\max G = \sum_{j=1}^{n} C_j H_j \tag{3-1}$$

式中，G 为航天器在轨目标分配总目标；n 为空间目标数量；C_j 为目标分配的执行效益；H_j 为目标分配的能耗效率。

具体来说，目标分配中要确保执行效益达到最大的前提下，使能耗效率也升至最高。

3.1.2.2　约束空间

航天器在轨目标分配过程中，综合考虑指派、燃耗、时效性以及鲁棒性等约束条件，构建问题求解的约束空间。

（1）指派约束条件

为了满足复合服务模式需求，每个航天器可依次服务多个目标，每个目标可由多个航天器进行服务，即

$$\begin{cases} PA_j = 1 - \prod_{i=1}^{n} [1 - PA_{ij} X_{ij}] \geqslant PA_j' \\ \sum_{i=1}^{n} X_{ij} \geqslant 1 \\ X_{ij} = 0 \text{ 或 } 1 \end{cases} \tag{3-2}$$

式中，PA_{ij} 为第 i 个航天器对第 j 个空间目标的服务成功概率；PA_j 为航天器资源对第 j 个空间目标的累计服务成功概率，其值应满足

服务成功概率指标，每个空间目标都有对应航天器且可指派多个航天器进行服务；PA'_j 为航天器对第 j 个空间目标的服务成功概率指标，其数值设定与两个方面因素相关，即空间目标优先级和数量，在轨航天器数量和属性；X_{ij} 为分配决策变量，以布尔值表示，即

$$X_{ij} = \begin{cases} 1, & \text{第 } i \text{ 个航天器被分配给第 } j \text{ 个空间目标} \\ 0, & \text{其他} \end{cases} \tag{3-3}$$

（2）燃耗约束条件

为了使航天器在执行每次服务任务时有自由可调配的燃料资源，在除去每次轨道机动所需燃料以及实时服务所需燃料后，剩余的可用燃料要大于或等于 0，即

$$\Delta M_i = M_i^{\text{total}} - M_i^{\text{maneuver}} - M_i^{\text{implement}} \geqslant 0 \tag{3-4}$$

式中，ΔM_i 为第 i 个航天器的燃料剩余量；M_i^{total} 为第 i 个航天器的燃料总量；M_i^{maneuver} 为第 i 个航天器轨道机动燃料消耗量；$M_i^{\text{implement}}$ 为第 i 个航天器实施服务燃料消耗量。

（3）时效性约束条件

为了使所有在轨服务任务均在可执行时间区间内完成，并达到一定的时效性要求，需对时间效益进行一定限制，即

$$\begin{cases} T_{k(l)}^{\text{StartTime}} \geqslant T_{k(l)}^{\text{EarlyTime}} \\ T_{k(l)}^{\text{StartTime}} + T_{k(l)}^{\text{Dur}} \leqslant T_{k(l)}^{\text{LateEndTime}} \end{cases} \tag{3-5}$$

式中，$T_{k(l)}^{\text{StartTime}}$ 为任务 k 中第 l 阶段的开始时间；$T_{k(l)}^{\text{EarlyTime}}$ 为任务 k 的最早开始时间；$T_{k(l)}^{\text{Dur}}$ 为任务 k 中第 l 阶段的执行时长；$T_{k(l)}^{\text{LateEndTime}}$ 为任务 k 的最晚结束时间。

（4）鲁棒性约束条件

鲁棒性是现代控制理论与系统科学中的重要概念，一般是指遇突发情况时保持方案正常执行的能力。目标分配鲁棒性约束条件则强调提升方案"抵御"或者"吸收"各种扰动的能力，减小方案执行过程中再调整的可能性。对于航天器在轨目标分配问题而言，鲁棒性所包含的质量鲁棒性与方案鲁棒性两方面同样重要[204]，因此，将鲁棒性约束条件分为质量鲁棒性约束和方案鲁棒性约束两方面。

质量鲁棒性约束是对航天器在轨目标分配性能指标进行约束，要求在遇突发情况时，方案的某个或某些性能指标偏离既定方案的性能值不多[204]。将质量鲁棒性定义为在轨服务任务在给定时间期限内完成概率的最大化，其约束条件为方案在给定时间期限内的完成概率要大于最低标准，即

$$P(T_{k(l)}^{\text{Dur}} \leqslant T_{k(l)}^{\text{Dur\_limit}}) \geqslant \overline{P}_{\min} \qquad (3-6)$$

式中，$P(\cdot)$ 为方案完成概率函数；$\overline{P}_{\min}$ 为方案完成概率最低标准值；$T_{k(l)}^{\text{Dur\_limit}}$ 为任务 k 中第 l 阶段任务的完成时限。

方案鲁棒性约束是对方案本身稳定性进行约束，要求在遇突发情况后相对既定方案执行的偏差尽可能小。将方案鲁棒性定义为任务实际执行时间偏离方案时间的偏差与任务权重的加权和最小化，其约束条件为方案执行过程中实际执行时间与方案计划时间偏差的加权和需要小于最低标准，即

$$\sum_{l=1}^{N} \omega_{k(l)} \cdot E \left| T_{k(l)}^{\text{Dur}} - T_{k(l)}^{\text{Dur\_planning}} \right| \leqslant \Delta T_{\min} \qquad (3-7)$$

式中，$E|\cdot|$ 为期望函数；$\Delta T_{\min}$ 为方案执行时间偏差最低标准值；$\omega_{k(j)}$ 为加权系数，且 $\omega_{k(l)} \in (0, 1)$；$T_{k(l)}^{\text{Dur\_planning}}$ 为任务 k 中第 l 阶段任务计划完成时间。

3.2　在轨服务目标分配指标模型

上文以执行效益和能耗效率均衡发展为优化指标构建了综合目标函数，本节将考虑并预估目标分配阶段在后续轨道机动和服务实施过程中的执行效果，重点阐述并构建以"执行效益"和"能耗效率"为指标的计算模型，如图 3-1 所示。

3.2.1　执行效益指标

航天器在轨目标分配的执行效益，是要在后续轨道机动阶段和服务实施阶段体现的。由此，将执行效益的估计指标分解为轨道机

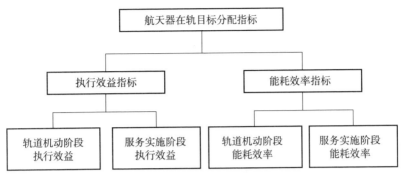

图 3-1　在轨服务目标分配指标体系

动阶段执行效益和服务实施阶段执行效益两部分，即

$$C_{ij} = C_{ij}^{\text{maneuver}} + C_{ij}^{\text{counter}} \tag{3-8}$$

式中，C_{ij} 为航天器在轨目标分配的执行效益指标；C_{ij}^{maneuver} 为分配方案在轨道机动阶段的执行效益预估值；C_{ij}^{counter} 为分配方案在服务实施阶段的执行效益预估值。

3.2.1.1　轨道机动阶段执行效益

　　轨道机动是航天器在控制系统作用下，改变原有飞行轨道进入另一条轨道的操控，是完成在轨服务任务的必备过程。根据航天器推进器类型和作用时间的不同，轨道机动方式可分为脉冲推力、有限推力和小推力三类。在实际飞行任务中，轨道机动要考虑燃料消耗、机动时效、条件约束和地面测控等诸多因素，是一个非常复杂的过程，不过其基本原理与两冲量轨道机动是类似的[201]。因此，本节将以脉冲推力轨道机动为例，分析在共面轨道和非共面轨道中的执行效益。

　　(1) 共面轨道机动

　　共面轨道机动是指初始轨道与目标轨道位于同一轨道平面内，航天器轨道机动过程中不需要特意考虑两轨道间轨道倾角的变化[200]。通常，可将共面轨道机动再细分为共轨机动和异轨机动。

　　共轨机动 (见图 3-2) 是指航天器与空间目标位于轨道平面和

高度均相同的轨道，航天器实施轨道机动，在绕地球若干圈后到达目标轨位的过程。

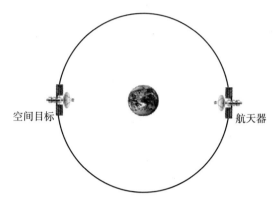

图 3-2　共轨机动示意图

一种典型的双脉冲固定时间多圈解可以取一种具有零转移角，但机动飞行的转移角为 360°倍数的多圈轨道[195]。图 3-2 中，空间目标相对于航天器的初始超前角 $\beta = 180°$，目标首次到达图 3-2 所示轨位的时间为已知的目标轨道周期的一半，而目标到达同一位置的后继时间可由加上目标轨道周期倍数的方法给出。因此，目标到达指定多圈飞行总时间已知，而这个时间亦为航天器零转移角多圈轨道机动的时间

$$\Delta t = (360 n_{\mathrm{T}} + \theta - \beta) / \omega_{\mathrm{T}} \qquad (3-9)$$

式中，Δt 为航天器轨道机动时间；n_{T} 为空间目标在轨道上运行的整圈数；$\theta (0° \leqslant \theta < 360°)$ 为航天器的转移角；β 为空间目标相对于航天器的初始超前角；ω_{T} 为目标轨道的平均角速度。

异轨机动（见图 3-3）是航天器初始位于不同于空间目标轨道的另一条轨道上，在指定时间内用两个或多个脉冲到达目标轨位附近的过程[195]。

对于不定时间异轨机动，从理论上讲两冲量的脉冲推力能实现由初始轨道到任意目标轨道的转移。最小冲量、有限时间、双脉冲

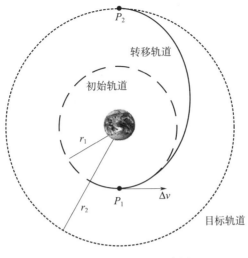

图 3 - 3　异轨机动示意图

机动方式[196]，是构成其他类型轨道机动的基础。图 3 - 3 所示双脉冲推力轨道机动中，在半径为 r_1 的初始轨道的任意点 P_1 产生第一个速度冲量 Δv，改变其原有轨道，飞至转移轨道。一般轨道转移问题在考虑近拱点速度冲量 Δv 改变原来轨位的同时，还需要考虑到远拱点顺利进入目标轨道问题。但在轨服务中，到达目标轨位附近后不一定采取入轨行为。

构建轨道机动速度冲量与轨道半径的关系模型[201]

$$\begin{cases} v_{c1} = \sqrt{\dfrac{\mu}{r_1}} \\[2mm] v_{c2} = \sqrt{\dfrac{\mu}{r_2}} \\[2mm] \Delta v = v_{c1}\left(\sqrt{\dfrac{2(r_2/r_1)}{1+(r_2/r_1)}} - 1\right) \end{cases} \qquad (3-10)$$

式中，v_{c1} 和 v_{c2} 分别为初始轨道和目标轨道的速度；Δv 为近拱点速度冲量；r_1 为初始轨道半径；r_2 为目标轨道半径；μ 为天体引力常数。

依此，可以估算航天器至目标轨道机动耗时

$$\Delta t = \frac{\pi}{\sqrt{\mu}} \left(\frac{r_1 + r_2}{2} \right)^{\frac{3}{2}} \qquad (3-11)$$

（2）非共面轨道机动

当初始轨道与目标轨道的轨道面不重合时，航天器由初始轨道转移至目标轨道的机动过程称为非共面轨道机动。非共面轨道间的机动是轨道机动的一般情况，准确获取其最优转移轨道比较复杂，一般要根据具体问题专门讨论[201]。本节的重点是介绍轨道机动阶段执行效益的计算方式，在此以地球静止轨道机动这一典型应用为例进行阐述。

当航天器从轨道倾角为 i_1、半径为 r_1 的初始轨道向轨道倾角为 $0°$、半径为 r_2 的目标轨道机动时，其机动过程可转换为 Lambert 问题进行解算。所谓 Lambert 问题，是给定空间两点相对于引力中心的位置矢量与转移时间，要求确定一条通过这两点且转移时间满足要求的轨道机动问题[198]。

对于图 3-4 所示椭圆形转移轨道，依据 Lambert 理论，由初始轨道点 P_1 至目标轨道点 P_2 的轨道机动时间 Δt 仅依赖于转移轨道的半长轴、两端点离引力中心的向径之和以及连接两点的弦长，其数学形式如下[198]

$$\sqrt{\mu}\,\Delta t = F(a, r_1 + r_2, c) \qquad (3-12)$$

式中，μ 为地球引力常数；Δt 为轨道机动时间；$F(\cdot)$ 为 Lambert 表达函数；a 为转移轨道的半长轴；$(r_1 + r_2)$ 为两端点离引力中心的向径之和；c 为连接初始轨道点 P_1 与目标轨道点 P_2 的弦长。

据此，可得椭圆形转移轨道的 Lambert 问题解析解

$$\sqrt{\mu}\,\Delta t = a^{\frac{3}{2}} [2N\pi + \alpha - \beta - (\sin\alpha - \sin\beta)] \qquad (3-13)$$

式中，N 为转动圈数；变量 α 和 β 由等式参数 $(a, r_1 + r_2, c)$ 决定。

$$\sin\frac{\alpha}{2} = \left(\frac{s}{2a} \right)^{\frac{1}{2}} ; \sin\frac{\beta}{2} = \left(\frac{s-c}{2a} \right)^{\frac{1}{2}} \qquad (3-14)$$

式中，变量是初始轨道点 P_1、目标轨道点 P_2 与引力中心构成的空间三角形的半周长，且 $s = (r_1 + r_2 + c)/2$。

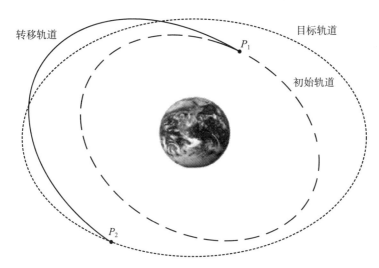

图 3 - 4　非共面轨道机动示意图

假设 $m = \{1, 2, \cdots, M\}$ 表示能够参与在轨服务的航天器集合，$n = \{1, 2, \cdots, N\}$ 表示空间目标集合。令 W_n 表示第 n 个目标的优先级。针对不同的目标，兼顾优先级和轨道机动耗时，构建轨道机动阶段的效益指标模型

$$C_{ij}^{\mathrm{maneuver}} = \sum_{j=1}^{n} W_j \Delta t_j \Big(\sum_{i=1}^{m} X_{ij} PA_{ij} - \prod_{i=1}^{m} (X_{ij} + \Delta) PA_{ij} \Big)$$

$$(3 - 15)$$

式中，$C_{ij}^{\mathrm{maneuver}}$ 为航天器 i 至目标 j 轨道机动的效益估计；W_j 为空间目标 j 的优先级；Δ 为避免 $\prod\limits_{i=1}^{m} (\cdot)$ 项始终为零的极小数；X_{ij} 为分配决策变量；Δt_j 为航天器至目标 j 轨道机动耗时的估计量。

3.2.1.2　服务实施阶段执行效益

目标分配在服务实施阶段的执行效益，主要体现在服务收益方面。根据航天器服务模式的划分，将服务实施阶段的收益分为单机服务收益和多机服务收益两种情况。

（1）单机服务收益

若依据目标分配，仅使用一架航天器 P_i 对空间目标 E_j 实施服务，设 CI_i 为航天器单架次服务能力指数，$LO_i(t)$ 为 t 时刻航天器所携带载荷的服务能力，DF_j 为空间目标 E_j 的最低服务要求[193]，航天器 P_i 服务空间目标 E_j 的成功概率为

$$PA_{ij} = \begin{cases} CI_i & LO_i(t) \geqslant DF_j \\ 0 & LO_i(t) < DF_j \end{cases} \qquad (3-16)$$

设 W_j 为空间目标的服务优先级，则航天器 P_i 对空间目标 E_j 的服务收益为

$$C_{ij}^{\text{counter}} = PA_{ij} \cdot W_j \qquad (3-17)$$

（2）多机服务收益

若依据目标分配同时使用 m 架航天器对空间目标 E_j 实施服务，$M = P_1, P_2, \cdots, P_m$ 为参与在轨服务的航天器编号。多架航天器可携带同类或不同类载荷对空间目标 E_j 实施服务，其服务效果将强于单机服务，故设置联合服务增益参数 η，则 m 架航天器服务空间目标 E_j 的成功概率为

$$PA_j^M = \begin{cases} \left[1 - \eta \prod_{M=P_1}^{P_m} \left(1 - \dfrac{CI_M}{100} \right) \right] \times 100 & \displaystyle\sum_{N=P_1}^{P_N} LO_M(t) \geqslant DF_j \\ \\ 0 & \displaystyle\sum_{M=P_1}^{P_m} LO_M(t) \geqslant DF_j \end{cases}$$

$$(3-18)$$

设 W_j 为空间目标的服务优先级，则 t 时刻 m 架航天器对空间目标 E_j 的服务收益为

$$C_{Mj}^{\text{counter}} = PA_j^M \cdot W_j \qquad (3-19)$$

3.2.2 能耗效率指标

航天器在轨目标分配的能耗效率，同样可通过对后续轨道机动阶段能耗估计和服务实施阶段能耗估计进行体现。由此，将能耗效

率指标分解为轨道机动阶段能耗和服务实施阶段能耗两部分，即

$$H_{ij} = H_{ij}^{\text{maneuver}} + H_{ij}^{\text{counter}} \qquad (3-20)$$

式中，H_{ij} 为航天器在轨目标分配的能耗效率指标；H_{ij}^{maneuver} 为轨道机动阶段的能耗效率估计；H_{ij}^{counter} 为服务实施阶段的能耗效率估计。

（1）轨道机动阶段能耗效率

通过对轨道动力学和开普勒运动分析可知，速度冲量 Δv 在一定范围内递增，如图 3-5 所示轨道机动路径将由椭圆经长椭圆向抛物线演化。在开普勒定律下，只需知道初始轨道与目标轨道位置以及可提供的速度冲量，便可估算变轨机动时间和各轨道参数的方法，均属于高斯转移方式。由速度冲量改变产生的高斯转移方式，与霍曼转移相比，能有效缩减轨道间机动时间，但需以增大速度冲量为代价，这对航天器的动力装置和燃料储备提出了更高要求。

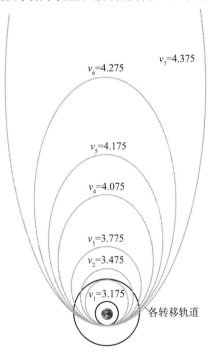

图 3-5　不同速度下的轨道机动形态图

高斯转移方式中的速度冲量 Δv 是一个不确定量，需根据动力装置及燃料储备提前确定。可依据开普勒运动[201]建立以速度冲量为变量的转移轨道近拱点与初始轨道速度关系模型[206]

$$\Delta v = v_{EP} - v_{c1} = v_{EP} - \sqrt{\frac{\mu}{r_1}} \qquad (3-21)$$

式中，v_{EP} 为转移轨道与初始轨道相切的近拱点速度。

基于动量守恒原理，齐奥尔科夫斯基给出了速度冲量与燃料损耗的关系理论[207,208]，即航天器通过一个消耗自身燃料质量的反方向推进系统，可以在原有运行速度上产生并获得加速度。由此，构建冲量机动燃料消耗估计模型

$$\Delta m = m_0 (1 - e^{-\frac{|\Delta v|}{v_e}}) \qquad (3-22)$$

式中，v_e 为航天器脉冲发动机的有效排气速度。

根据服务成功概率模型式（3-16）和式（3-18），可用燃料消耗估计量以及服务成功概率来综合衡量轨道机动阶段的能耗效率

$$H_{ij}^{\text{maneuver}} = \sum_{i=1}^{m} \sum_{j=1}^{n} \frac{1 + \dfrac{W_j^2}{X_{ij}\Delta m_{ij} + \delta_{ij}^2}}{\Delta m_{ij}} \qquad (3-23)$$

式中，W_j 为空间目标 E_j 的优先级；X_{ij} 为分配决策变量；δ_{ij}^2 为随机误差。

（2）服务实施阶段能耗效率

航天器在服务实施阶段的动力学方程可由 C-W 方程描述[209]，如图 3-6 所示，以沿地心矢量方向为 x 轴、空间目标轨道速度方向为 y 轴、轨道平面法线方向为 z 轴，构成坐标系。设航天器仅受控制力，不计摄动，其轨道控制力 $\boldsymbol{F}_P = (F_x, F_y, F_z)^T$，相对空间目标的相对运动方程为[209,210]

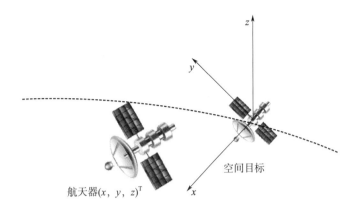

图 3 - 6　服务实施阶段轨道坐标系

$$\begin{cases} \dfrac{F_x}{m_P} = \ddot{x} - 2\omega_E \dot{y} - 3\omega_E^2 x \\[2mm] \dfrac{F_y}{m_P} = \ddot{y} + 2\omega_E \dot{x} \\[2mm] \dfrac{F_z}{m_P} = \ddot{z} + \omega_E^2 z \end{cases} \qquad (3-24)$$

式中，$\omega_E = \sqrt{\mu / a_E^3}$ 为空间目标轨道的角速度；μ 为地球引力常数，a_E 为空间目标轨道半长轴；m_P 为航天器质量。

在服务实施阶段，航天器需要增加速度冲量，而速度冲量通过消耗航天器携带的燃料产生。将航天器的运动方程描述为

$$m_P \frac{\mathrm{d}\boldsymbol{v}_P}{\mathrm{d}t} = \boldsymbol{F}_P \cdot \boldsymbol{v}_P \qquad (3-25)$$

式中，$\boldsymbol{v}_P = (v_x, v_y, v_z)^{\mathrm{T}}$ 为航天器瞬时速度。

令 $\boldsymbol{P}_P$ 表示航天器功率，且 $\boldsymbol{P}_P = \boldsymbol{F}_P \cdot \boldsymbol{v}_P$，则有

$$\boldsymbol{P}_P = \boldsymbol{v}\left(-\frac{\mathrm{d}m_P}{\mathrm{d}t}\right) \tag{3-26}$$

式中，$\boldsymbol{v} = (v_x，v_y，v_z)$ 为燃料产物的有效排除速度[212]。

于是，可得航天器速度增量为[212]

$$\Delta\boldsymbol{v}_P = \boldsymbol{v}\ln\frac{m_P^0}{m_P^f} \tag{3-27}$$

式中，m_P^0、m_P^f 分别为航天器携带燃料的初始和终止质量。

航天器在服务实施阶段所消耗燃料的估计模型为

$$\begin{aligned}
\Delta m_{ij} &= m_P^0 - m_P^f \\
&= m_P^0\left[1 - \exp\left(-\frac{\Delta\boldsymbol{v}_P}{\boldsymbol{v}}\right)\right]
\end{aligned} \tag{3-28}$$

于是，综合考虑目标服务优先级、服务成功概率，构建服务实施阶段的能耗效率模型

$$H_{ij}^{\text{counter}} = \sum_{i=1}^{m}\sum_{j=1}^{n}\frac{1 + \dfrac{W_j^2}{X_{ij}\Delta m_{ij} + \delta_{ij}^2}}{\Delta m_{ij}} \tag{3-29}$$

3.3　基于改进 Deep Q Networks 的目标分配求解算法

复合服务模式下在轨目标分配，是将目标数量、轨道根数、航天器力量分布情况作为输入，以执行效益和能耗效率为最优分配目标，同时考虑"一对多"和"多对一"两种服务模式，通过目标分配求解算法，综合考虑指派约束、燃料约束以及时效约束等条件，获得最优分配策略的过程。为实现这一效果，进一步改善常规方法难以直接适用复合服务模式以及运算耗时较高的不足，本节构建 Deep Q Networks 双向训练网络，对 Deep Q Networks（DQN）算法进行收敛性和稳定性改进，介绍一种基于改进 Deep Q Networks 的目标分配求解算法。

3.3.1　目标分配 Deep Q Networks 网络

依据面向在轨服务全过程的智能规划研究框架，对于复合服务

模式下在轨目标分配问题，航天器可依据初始假定的分配策略采取行为实现与所处战场环境的交互，并在行为和环境的共同作用下产生新状态的同时反馈一定的执行效果，如此循环，航天器与环境不断交互可产生大量数据。Deep Q Networks 就是一种利用所产生的数据选取行为，再继续与环境交互，产生新数据，利用新数据进一步改善行为的方法。因此，摆脱传统规则化的目标分配方式，在网络 Deep Q Networks 中追求执行效益和能耗效率的均衡发展，通过自主学习、自我训练的方式实现复合服务模式下在轨目标分配的求解。

（1）目标分配网络结构

在目标分配 Deep Q Networks 网络中，将以获得最优分配策略 D^* 为目的，以联合服务成功概率作为状态量 S_t，以能耗效率为执行效果（回报）R_t，以指派因素、燃料消耗、时效性以及鲁棒性为目标分配策略的参数 θ^-。首先，初始化目标分配方案 D，随机初始化其参数 θ，并利用参数 θ 初始化目标分配方案 D^* 的参数 θ^-。之后对分配方案进行 M 次迭代，即进行 M 次 Deep Q Networks 网络自主训练。在每次迭代过程中，首先要以最初的太空环境 X_1 初始化状态 S_1，并通过转换函数 ϕ 编码。接着，进行 Deep Q Networks 前向传输，在每一时间步 t 中完成以下具体内容：依据当前目标分配方案 D 选择行为 A_t 并执行，观测执行效果（回报）R_t 和当前太空环境 X_{t+1}，将 S_t、A_t 和 X_{t+1} 组合得到当前最新状态 S_{t+1} 并用 ϕ 进行编码，再将 ϕ_t、A_t、R_t 和 ϕ_{t+1} 作为一个经验片段存储到回放记忆单元 M 中。然后，执行 Deep Q Networks 反向训练，即从回放记忆单元中批量抽取经验片段对神经网络进行参数训练，计算与目标分配目标的误差值并以其为指导，利用反向传播机制逐层传递到网络各层，完成对方案参数 θ 的一次更新。最后，当每进行 C 次更新后，以当前的 θ 值更新目标分配方案参数 θ^-。如此往复迭代直至目标分配方案 D^* 满足目标效果或达到设定次数，自动分配过程终止。目标分配 Deep Q Networks 网络结构如图 3-7 所示。

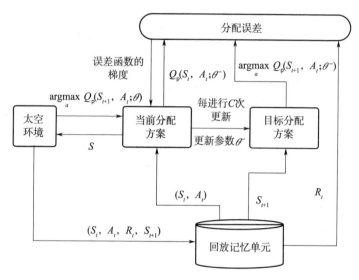

图 3-7　目标分配 Deep Q Networks 网络结构

（2）目标分配前向传输

目标分配过程中，在追求目标分配高效益的同时，为确保各空间目标要有航天器应对且均能达到预设成功概率门限，结合总体目标式（3-1）以及约束空间，将 Deep Q Networks 网络的前向传输表示为

$$
\begin{cases}
\min\limits_{\langle X_{ij}\rangle} - G \\[2mm]
\sum\limits_{i=1}^{m} X_{ij} \geqslant 1(\forall i \in m) \\[2mm]
1 - \prod\limits_{i=1}^{m}\left[1 - PA_{ij}X_{ij}\right] - PA'_j \geqslant 0(\forall i \in m) \\[2mm]
\Delta M_i = M_i^{\text{total}} - M_i^{\text{maneuver}} - M_i^{\text{implement}} \geqslant 0 \\[2mm]
T_{k(l)}^{\text{StarTime}} \geqslant T_{k(l)}^{\text{EarlyTime}} \\[2mm]
T_{k(l)}^{\text{StarTime}} + T_{k(l)}^{\text{Dur}} \leqslant T_{k(l)}^{\text{LateEndTime}} \\[2mm]
P\left(T_{k(l)}^{\text{Dur}} \leqslant T_{k(l)}^{\text{Dur\_limit}}\right) \geqslant \overline{P}_{\min} \\[2mm]
\sum\limits_{l=1}^{N} \omega_{k(l)} \cdot E\left|T_{k(l)}^{\text{Dur}} - T_{k(l)}^{\text{Dur\_planning}}\right| \leqslant \Delta T_{\min}
\end{cases}
\qquad (3-30)
$$

采用惩罚函数法将约束优化问题转换为如下无约束优化问题

$$G = \min\left[\tau\left(\sum_{j=1}^{n} h_j^2 + \sum_{j=1}^{n} g_j^2 + \sum_{j=1}^{n} k_j^2 + \sum_{j=1}^{n} l_j^2 + \sum_{j=1}^{n} t_j^2 + \sum_{j=1}^{n} r_j^2 + \sum_{j=1}^{n} e_j^2\right) - \sum_{j=1}^{n} \frac{W_j}{D_j}\right]$$

$$(3-31)$$

式中，W_j 为第 j 个目标的优先级；参数 τ 为惩罚系数；h_j、g_j、k_j、l_j、t_j、r_j、e_j 以及 D_j 的表达式分别为

$$
\begin{cases}
h_j = \max\left\{1 - \sum_{i=1}^{n} X_{ij}, 0\right\} \\[2mm]
g_j = \max\left\{PA'_j + \prod_{i=1}^{m}\left[1 - PA_{ij}X_{ij}\right] - 1, 0\right\} \\[2mm]
k_j = \max\left\{M_i^{\text{maneuver}} + M_i^{\text{implement}} - M_i^{\text{total}}, 0\right\} \\[2mm]
l_j = \max\left\{T_{k(l)}^{\text{StartTime}} - T_{k(l)}^{\text{LateEndTime}}, 0\right\} \\[2mm]
t_j = \max\left\{T_{k(l)}^{\text{StartTime}} + T_{k(l)}^{\text{Dur}} - T_{k(l)}^{\text{LateEndTime}}, 0\right\} \\[2mm]
r_j = \max\left\{\overline{P}_{\min} - P\left(T_{k(l)}^{\text{Dur}} \leqslant T_{k(l)}^{\text{Dur\_limit}}\right), 0\right\} \\[2mm]
e_j = \max\left\{\sum_{l=1}^{N} \omega_{k(l)} \cdot E \left| T_{k(l)}^{\text{Dur}} - T_{k(l)}^{\text{Dur\_planning}}\right| - \Delta T_{\min}, 0\right\} \\[2mm]
D_j = \sum_{j=1}^{m} L_{ij}
\end{cases}
$$

$$(3-32)$$

目标分配目标 G 的最大化过程，并不仅仅是当前效益的最大化，而是长期的累计效益。将所寻求的目标分配目标记为 G_t，定义为执行效果（回报）序列的函数，是执行效果随时间的累计

$$G_t \doteq R_{t+1} + R_{t+2} + R_{t+3} + R_{t+4} + \cdots + R_{t+n} \qquad (3-33)$$

面对持续性任务，最终时刻 $n = \infty$，其最大化的综合效益也随之趋于无穷，再继续用式（3-33）进行描述将会出现不必要的麻烦。为此，对式（3-33）中的每一项都打个"折扣"，使其收到经打折系数加权后的回报

$$G_t \doteq R_{t+1} + \gamma R_{t+2} + \gamma^2 R_{t+3} + \gamma^3 R_{t+4} + \cdots + \gamma^{n-1} R_{t+n} = \sum_{n=1}^{\infty} \gamma^{n-1} R_{t+n}$$

$$(3-34)$$

式中，γ 为折扣率，且 $\gamma \in [0, 1]$ 。

折扣率的引入，致使未来 n 时刻的回报只相当于当前值的 γ^{n-1} 倍。这其中当 $\gamma = 0$ 时，即始终只考虑下一步的决策，这样是"目光短浅"的，只关心当前效益。但当 $\gamma > 0$ 时，随着折扣率的增大，将更多地关注未来情况，目光将放得长远，也就是说决策将变得有远见起来。这一变化过程可通过图3-8进行形象描述。

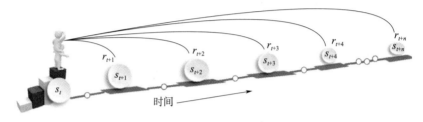

图3-8　引入折扣率后的目标分配累计效益

对式（3-34），可将相邻时刻的综合效益用递归方式进行表述

$$G_t \doteq R_{t+1} + \gamma R_{t+2} + \gamma^2 R_{t+3} + \gamma^3 R_{t+4} + \cdots + \gamma^{n-1} R_{t+n}$$
$$= R_{t+1} + \gamma (R_{t+2} + \gamma^1 R_{t+3} + \gamma^2 R_{t+4} + \cdots + \gamma^{n-2} R_{t+n})$$
$$= R_{t+1} + \gamma G_{t+1}$$

$$(3-35)$$

借助目标分配的累计效益，可利用状态价值函数来评估给定状态下的行为效果。状态价值函数是与特定的行为方式相关的，本书称之为"分配策略"。分配策略是从状态到行为执行概率之间的映射。当时刻 t 选择了分配策略 π ，那么 $\pi(a \mid s)$ 就是在状态 $S_t = s$ 下执行行为 $A_t = a$ 的概率。由此，可将依据分配策略 π 选取行为 a ，在状态 s 下所获得执行效果的概率期望值，称为状态价值函数 $v_\pi(s)$

$$v_\pi(s) \doteq E_\pi [G_t \mid S_t = s] = E_\pi \left[\sum_{n=1}^{\infty} \gamma^{n-1} R_{t+n} \mid S_t = s \right] \quad (3-36)$$

式中，$E_\pi[\cdot]$ 为在给定分配策略下对于一个随机变量的期望函数。

与此类似，可将依据分配策略 π 在状态 s 下选取的行为 a 的价

值，称为行为价值函数。行为价值函数 $Q_\pi(S_t, a)$ ，是根据分配策略 π ，从状态 s 开始，执行行为 a 之后，所有可能的效益序列的期望回报

$$Q_\pi(S_t, a) \doteq E_\pi[G_t \,|\, S_t = s, A_t = a] = E_\pi\Big[\sum_{n=1}^{\infty} \gamma^{n-1} R_{t+n} \,\big|\, S_t = s, A_t = a\Big]$$

$$(3-37)$$

Deep Q Networks 在解决目标分配问题中，就是通过自主训练与学习找出一个分配策略，使其能够在长期行为过程中获得最大收益。当分配策略 π 总是优于其他所有策略时，分配策略 π 被称为最优策略 π^* 。期间，若将一个分配策略 π 视为比其他任何一个策略 π' 都要好，则其所有状态上的执行效果均应该优于或等于策略 π' 的效果，即对于 $s \in S$ 有 $v_\pi(s) \geqslant v_{\pi'}(s)$ 。将最优状态价值函数表示为

$$v^*(s) \doteq \max_\pi v_\pi(s) \tag{3-38}$$

最优策略同样也享有最优行为价值函数，可将其表示为

$$q^*(S_t, a) \doteq \max_\pi q_\pi(S_t, a) \tag{3-39}$$

对于状态与行为的二元组，可以用最优状态价值函数 $v^*(s)$ 来表示最优行为价值函数 $q^*(s, a)$ ，即

$$q^*(S_t, a) = E[R_{t+1} + \gamma v^*(S_{t+1}) \,|\, S_t = s, A_t = a] \quad (3-40)$$

因此，目标分配前向传输便是通过对分配目标效益的累计分析寻求最优分配策略使其行为价值函数保持最大化的过程。

（3）目标分配反向训练

目标分配反向训练，是在前向传递的基础上通过方案迭代效果与价值函数估计之间误差调整，更新参数、完善分配方案的过程。

对于分配策略 π 的一些经验，以及这些经验中的非终止状态，在反向训练中可依据式（3-36）对状态价值函数进行估计。但根据式（3-34）综合效益累计特性知，每次估计都需要一直等到获得最后行为的执行效果后才能进行

$$
\begin{cases}
V(S_t) \leftarrow \dfrac{1}{n} \sum_{t=1}^{n} G_t \\[2mm]
V(S_t) \leftarrow \dfrac{1}{n} \Big(G_n + \sum_{t=1}^{n-1} G_t \Big) \\[2mm]
V(S_t) \leftarrow \dfrac{1}{n} \Big[G_n + (n-1) \dfrac{1}{n-1} \sum_{t=1}^{n-1} G_t \Big] \\[2mm]
V(S_t) \leftarrow \dfrac{1}{n} [G_n + (n-1) V(S_n)] \\[2mm]
V(S_t) \leftarrow \dfrac{1}{n} [G_n + n V(S_n) - V(S_n)] \\[2mm]
V(S_t) \leftarrow V(S_n) + \dfrac{1}{n} [G_n - V(S_n)]
\end{cases}
\tag{3-41}
$$

式中，$\dfrac{1}{n}$ 为常量步长参数。

为了避免必须等到一幕的末尾才能确定 $V(S_t)$ 的情况，利用时序差分对式 (3-41) 进行改进，即可无须等待交互的最终结果，只需等到下一时刻基于已得到的数据便可获得估计值 $V(S_t)$

$$
V(S_t) \leftarrow V(S_t) + \dfrac{1}{n} [R_{t+1} - \gamma V(S_{t+1}) - V(S_t)] \tag{3-42}
$$

图 3-9 完整地描述了该时序差分的估计过程。时序差分的估计方式具有两个明显的比较优势：

1) 相比于蒙特卡洛方法，该方式自然地使用了一种在线、完全递增的方式来实现预测，即不再需要等到一幕结束。

2) 相比于动态规划方法，该方式不再需要环境模型。

在式 (3-42) 中，括号里的计算结果代表一种误差，可评判下一时刻 $R_{t+1} - \gamma V(S_{t+1})$ 与当前 $V(S_t)$ 之间的差异，将其命名为时序差分 (TD) 误差项

$$
\delta_t = R_{t+1} - \gamma V(S_{t+1}) - V(S_t) \tag{3-43}
$$

基于时序差分的估计思想，对最优行为价值函数的估计可以通过 Q-learning 的方式来实现。根据当前状态 S_t 及其行为 A_t，结合

时序差分(TD)，用于估计$V(S_t)$

输入：待估计的策略π

算法参数：步长$\frac{1}{n} \in (0, 1]$

对所有$s \in S^+$，任意初始化$V(S_t)$，其中V(终止状态)=0

对每幕循环：

初始化S

对幕中的每一步循环：

$A \leftarrow$策略π在状态S下做出的决策动作

执行动作A，观测到R，S'

$V(S_t) \leftarrow V(S_t) + \frac{1}{n} [R_{t+1} - \gamma V(S_{t+1}) - V(S_t)]$

$S \leftarrow S'$

直到S为终止状态

图 3 - 9　时序差分的估计过程

下一时刻所观察到的状态S_{t+1}以及执行效果R_{t+1}，可以对下一步最优行为价值函数进行估计

$$Q(S_t, a) \leftarrow Q(S_t, A_t) + \frac{1}{n} [R_{t+1} + \gamma \max_a Q(S_{t+1}, a) - Q(S_t, A_t)]$$

$$(3 - 44)$$

图 3 - 10 完整地描述了 Q - learning 的估计过程。

在行为价值函数的估计过程中，将最优的行为价值函数直接作为学习目标，不再与用于产生决策序列轨迹的分配策略相关，这将大大简化运算与分析的过程。由此，反向训练过程中，将这种基于时序差分（TD）误差的参数更新方式表述为

$$Y_t^Q = R_{t+1} + \gamma \max_a Q(S_{t+1}, a; \theta_t) \qquad (3 - 45)$$

式中，R_{t+1}为分配方案在状态S_{t+1}的执行效果；$\gamma \in [0, 1]$为折扣因子；$Q(S_{t+1}, a; \theta_t)$为状态S_{t+1}下依据分配方案θ_t采取行为a后，对其行为价值的估计。

依据式（3 - 44）和式（3 - 45），构建反向训练的最小误差函数

```
Q-learning，用于估计 Q(S_t, a)

算法参数：步长 1/n ∈ (0, 1]
对所有 s ∈ S⁺，a ∈ A(s)，任意初始化 Q(s, a)，其中 Q(终止状态,·)=0
对每幕：
    初始化 S
    对幕中的每一步循环：
        使用从 Q 得到的策略 π，在 S 外选择 A
        执行动作 A，观测到 R，S′
        Q(S_t, a)←Q(S_t, A_t)+1/n [R_{t+1}+ γmax Q(S_{t+1}, a)-Q(S_t, A_t)]
                                                  a
        S←S′
    直到 S 为终止状态
```

图 3-10　Q-learning 的估计过程

$$E = \min [Y_t^{DQ} - Q(S_t, a)] \tag{3-46}$$

由此，通过目标分配反向训练不断缩减方案迭代效果与价值函数估计之间的差距，共同朝着最优方向不断修改与完善，以获得最优分配方案。

3.3.2　Deep Q Networks 收敛性与稳定性改进

通常，Deep Q Networks 中的 Q-learning 是在估计值的基础上进行最大化，这可以被看作隐式地对最大值进行估计，而这一处理会产生一个显著的奖励偏差。特别是，训练过程中由于模型的不稳定，那么偏差会造成模型对行为优劣的判断偏差，从而影响模型收敛性。此外，由于 Deep Q Networks 本身可能存在预测误差，每次都采用其最大值近似行为价值函数会使行为价值函数也朝着最大误差的方向进行修正，反复迭代后误差就会放大，导致最终收敛的行为价值函数值比真实的高出许多，从而出现过度估计问题影响网络稳定性[214]。

为此，构建图 3-11 所示的改进 Deep Q Networks 网络结构，通过将行为价值函数拆分为状态价值函数和行为优势函数，缓解奖励偏差问题，实现 Deep Q Networks 的收敛性改进；通过将原来的单神经网络估计方式更改为双 Q 网络估计，缓解过估计问题，实现 Deep Q Networks 的稳定性改进。

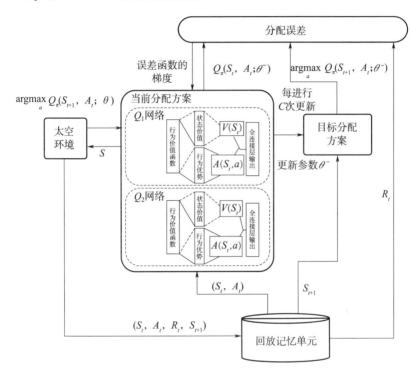

图 3 - 11　Deep Q Networks 网络结构的收敛性与稳定性改进

（1）Deep Q Networks 的收敛性改进

Deep Q Networks 是一种将强化学习与神经网络相结合的方法，其中，神经网络实质是一种多层感知机（Multilayer Perceptron，MLP）[194]。多层感知机是在单层神经网络的基础上引入了一到多个隐藏层，隐藏层位于输入层和输出层之间。图 3 - 12 展示了 Deep Q Networks 中一个多层感知机的神经网络。在此多层感知机中，输入和输出个数分别为 n 和 m，中间是三层隐藏层，各隐藏层为全连接结构，即神经元和输入层中各个输入完全连接，输出层中的神经元和隐藏层中的各个神经元也完全连接。

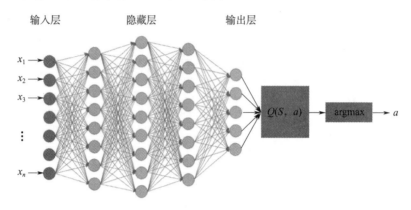

图 3 - 12　　Deep Q Networks 多层神经网络结构

对于 Deep Q Networks 多层神经网络，其行为价值函数 $Q(S_t, a)$ 可自然拆分为状态价值函数 $V(S_t)$ 和行为优势函数 $A(S_t, a)$ 两部分。其中，状态价值函数与行为无关；行为优势函数与行为相关，衡量行为相对状态平均回报的好坏程度，可用以解决奖励偏见问题。

据此，为进一步解决奖励偏见问题，提升神经网络训练效果，加快方法收敛速度，本书构建了一种竞争神经网络，以取代经典 Deep Q Networks 中的单输出网络模型。如图 3 - 13 所示，将 Deep Q Networks 多层神经网络的全连接层输出，分为一个状态价值 $V(S_t)$ 和一个行为优势值 $A(S_t, a)$

$$Q(S_t, a) = V(S_t) + A(S_t, a) \qquad (3-47)$$

依式（3 - 47），单纯地对行为价值函数进行分解是行不通的。因为行为价值函数被拆分后，当行为一定时，状态值和行为有无穷种可行组合，而事实上只有很小一部分的组合是合乎情理、接近真实数值的。为此，还需要对状态价值 $V(S_t)$ 和行为优势值 $A(S_t, a)$ 这两部分的输出做一定的限制。

根据行为优势函数 $A(S_t, a)$ 期望值为零这一特性[215,216]

输入层　　　　　隐藏层　　　　输出层

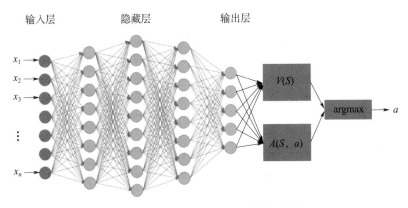

图 3 - 13　　Deep Q Networks 竞争神经网络

$$
\begin{aligned}
E_a\left[A\left(S_t,a\right)\right] &= E_a\left[Q\left(S_t,a\right)-V\left(S_t\right)\right] \\
&= V\left(S_t\right)-V\left(S_t\right) \\
&= 0
\end{aligned}
\tag{3-48}
$$

对行为优势函数 $A\left(S_t,a\right)$ 加以限制，将式（3-47）修改为

$$
Q\left(S_t,a\right)=V\left(S_t\right)+\left(A\left(S_t,a\right)-\frac{1}{|A|}\sum_{a'}A\left(S_t,a'\right)\right)
\tag{3-49}
$$

从效果层面看，如果当前分配方案的行为优势值 $A\left(S_t,a\right)$ 为正，这意味着该方案在执行效果方面的表现比所有其他可能方案均要好；相反，如果分配方案的行为优势值 $A\left(S_t,a\right)$ 为负，则意味着该方案的潜在执行效果低于平均水平。

从方法层面看，将行为价值函数值分解为状态值函数和优势值函数，与直接使用行为价值函数值相比，去掉所有优势值的均值这一处理使行为优势值的期望值保持为 0，进而可以确保模型快速收敛且输出高效。

（2）Deep Q Networks 的稳定性改进

Deep Q Networks 所存在的过估计现象，是在 $[-\varepsilon,\varepsilon]$ 内包含均匀分布的随机误差，将致使每个行为价值函数值都会被高估

γ 倍[217]。

考虑在最优行为价值估计函数与最优状态价值估计函数相等的状态下，即 $Q^*(S_t, a) = V^*(S_t)$，假设行为价值估计误差是 $[-1, 1]$ 的独立均匀随机分布，且满足

$$\varepsilon_a = Q_t(S_t, a) - Q^*(S_t, a) \tag{3-50}$$
$$= Q_t(S_t, a) - V^*(S_t)$$

根据价值估计误差的独立分布特性，进而可得

$$P(\max_a \varepsilon_a \leqslant x) = P(X_1 \leqslant x \wedge X_2 \leqslant x \wedge \cdots \wedge X_m \leqslant x)$$
$$= \prod_{a=1}^{m} P(\varepsilon_a \leqslant x)$$
$$\tag{3-51}$$

函数 $P(\varepsilon_a \leqslant x)$ 是 ε_a 的累积分布函数（Cumulative Distribution Function，CDF），可将其划分为

$$P(\varepsilon_a \leqslant x) = \begin{cases} 0 & x \leqslant -1 \\ \dfrac{1+x}{2} & x \in (-1, 1) \\ 1 & x \geqslant 1 \end{cases} \tag{3-52}$$

进而可得

$$P(\max_a \varepsilon_a \leqslant x) = \prod_{a=1}^{m} P(\varepsilon_a \leqslant x)$$
$$= \begin{cases} 0 & x \leqslant -1 \\ \dfrac{1+x}{2} & x \in (-1, 1) \\ 1 & x \geqslant 1 \end{cases} \tag{3-53}$$

其中，随机变量 $\max_a \varepsilon_a$ 的期望，可以用一个累积分布函数表示

$$E[\max_a \varepsilon_a] = \int_{-1}^{1} x f_{\max}(x) \, \mathrm{d}x \tag{3-54}$$

式中，$f_{\max}(\cdot)$ 为变量 x 的概率密度函数，定义为累积分布函数的导数

$$f_{\max}(x) = \frac{\mathrm{d}P(\max_a \varepsilon_a \leqslant x)}{\mathrm{d}x} \tag{3-55}$$

于是当 $x \in [-1, 1]$, 有

$$f_{\max}(x) = \frac{m}{2}\left(\frac{1+x}{2}\right)^{m-1} \tag{3-56}$$

式中, m 为可采取行为的数量。

对式 (3-56) 积分, 得 $\max_a \varepsilon_a$ 期望, 即可确定过估计倍数 γ

$$\begin{aligned}
\gamma &= E[\max_a \varepsilon_a] \\
&= \int_{-1}^{1} x f_{\max}(x)\mathrm{d}x \\
&= \left[\left(\frac{x+1}{2}\right)^m \frac{mx-1}{m+1}\right]_{-1}^{1} \\
&= \frac{m-1}{m+1}
\end{aligned} \tag{3-57}$$

Deep Q Networks 中的这种过估计现象, 其根源在于确定价值最大的行为和估计它的价值这两个过程采用了同样的样本。为此, 本书将这些样本一分为二, 分别对行为价值进行独立估计, 得 Q_1 和 Q_2。使用其中一个估计 Q_1 来获取最大的行为

$$A^* = \arg\max_a Q_1(a) \tag{3-58}$$

利用另一个估计 Q_2 来确定其价值的估计

$$Q_2(A^*) = Q_2[\arg\max_a Q_1(a)] \tag{3-59}$$

由于 $E[Q_2(A^*)] = q(A^*)$ [218], 因此 $Q_2(A^*)$ 是无偏估计。

将式 (3-58) 与式 (3-59) 的过程互换, 即交换 Q_1 跟 Q_2 的角色, 可得到另一个无偏的估计量

$$Q_1(A^*) = Q_1[\arg\max_a Q_2(a)] \tag{3-60}$$

式 (3-59) 与式 (3-60) 构成一种双 Q 学习的思想, 其整个估计过程如图 3-14 所示。

Deep Q Networks 中, 在依据时序差分目标更新式 (3-45) 选出状态 S_{t+1} 的最佳行为 a^* 后, 将利用同一个参数 θ_t 来对行为进行

双 Q 学习，用于估计 $Q_1 \approx Q_2 \approx q*$

算法参数：步长 $\frac{1}{n} \in (0, 1]$

对所有 $s \in S^+$，$a \in A(s)$，任意初始化 $Q_1(s, a)$ 和 $Q_2(s, a)$，其中 Q(终止状态, ·)=0

对每幕循环：

　　初始化 S

　　对幕中的每一步循环：

　　　　基于 $Q_1 + Q_2$，使用策略 π 在 S 中选择 A

　　　　执行行为 A，观测到 R，S'

　　　　以0.5的概率执行：

　　　　$Q_1(S_t, a) \leftarrow Q_1(S_t, A_t) + \frac{1}{n}[R_{t+1} + g Q_2(S_{t+1}, \max_a Q_1(S_{t+1}, a)) - Q_1(S_t, A_t)]$

　　　　或者执行：

　　　　$Q_2(S_t, a) \leftarrow Q_2(S_t, A_t) + \frac{1}{n}[R_{t+1} + g Q_1(S_{t+1}, \max_a Q_2(S_{t+1}, a)) - Q_2(S_t, A_t)]$

　　　　$S \leftarrow S'$

　　直到 S 为终止状态

图 3 - 14　双 Q 学习的估计过程

选择和评估[219]。但这种方式将会使估计值中的最大值被视为对真实价值的最大的估计，从而产生过估计现象。Deep Q Networks 的目标虽是找到最优的策略，但过估计现象的非均匀出现，将致使值函数过估计而影响决策，从而导致最终的决策并非最优，而只是次优[220]。

为了削弱最大误差的影响，基于双 Q 学习模型，引入另一个神经网络，分别用不同的值函数选择和更新行为。由此，利用参数 θ_t 通过式（3-45）进行行为选择，在选出最佳行为 a^* 后，运用另一个神经网络的参数 θ_t^- 进行行为更新[186]

$$Y_t^{\mathrm{DQ}} = R_{t+1} + \gamma Q(S_{t+1}, a^*; \theta_t^-) \tag{3-61}$$

根据式（3-61），修改可得新的时序差分（TD）目标更新式

$$Y_t^{\mathrm{DQ}} = R_{t+1} + \gamma Q(S_{t+1}, \max_a Q(S_{t+1}, a; \theta_t); \theta_t^-) \tag{3-62}$$

由此，采用双 Q 学习模型改进时序差分目标更新式，降低对行为价值函数值的过度估计可有助于方法选取更好的分配方案，从而

达到更优的执行效果，同时方法的稳定性也因此得到提升。

3.3.3　目标分配方法流程

在明确网络输入、输出、关键模型和训练结构后，综合 Deep Q Networks 稳定性改进与收敛性改进，给出航天器在轨目标分配方法的主体流程（见图 3 - 15）：

步骤 1　利用随机 θ 初始化航天器在轨目标分配方案 D 。

步骤 2　令 $\theta_t = \theta$ ，根据式（3 - 45）和式（3 - 61）计算时序差分目标的行为值。

步骤 3　循环迭代每次事件。

步骤 4　初始化事件的第一个状态 S_t ，通过预处理得到状态对应的优化特征向量 $f(S_t)$ 。

步骤 5　循环每个事件的每一步。

步骤 6　利用概率 ε 执行当前分配方案 D 中的行为 A ，若小概率探索事件未发生，则用贪婪策略执行当前行为值函数值最大的行为 $a_t = \max_a Q(S_{t+1}, a; \theta_t)$ 。

步骤 7　仿真器中执行行为 A_t ，观测执行效果 R_{t+1} 。

步骤 8　设置 $S_{t+1} = S_t$ ，整合 $(S_t, A_t, R_{t+1}, S_{t+1})$ 并存储在回放记忆单元中。

步骤 9　从回放记忆单元中均匀随机采样一个转换样本数据，用 $(S_t, A_t, R_{t+1}, S_{t+1})$ 存储结果表示。

步骤 10　判断是否是一个事件的终止状态，若则 TD 目标为 R_{t+1} ，否则将根据式（3 - 62）计算 TD 目标 Y_t^{DQ} 。

步骤 11　在反向训练中对式（3 - 46）执行一次梯度下降 ∇E ，通过神经网络的梯度反向传播更新目标分配方案参数 θ^- 。

步骤 12　如果 S_{t+1} 是终止状态，当前轮迭代完毕，否则转到步骤 3。

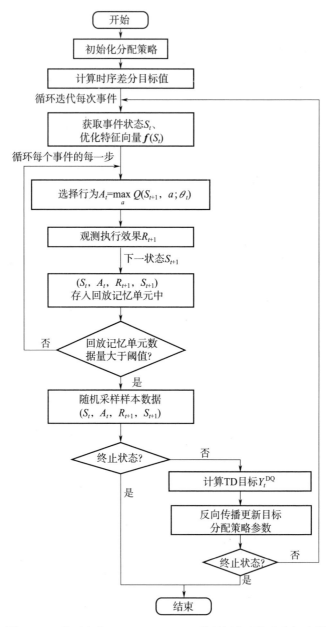

图 3-15　基于改进 Deep Q Networks 的目标分配算法求解流程

3.4　复合服务模式下在轨目标分配案例分析

为验证复合服务模式下在轨目标分配模型的适用性，以及基于改进 Deep Q Networks 的目标分配求解算法的有效性，本节进行了案例仿真与分析。

3.4.1　案例描述

在某次在轨服务任务中，设有 13 颗同步轨道卫星目标，其轨道根数[225]见表 3 – 1。表中：e 为离心率；i 为轨道倾角；Ω 为升交点黄道经度；ω 为近心点角；τ 为平近点角。现有轨道半径为 38 864 km、质量均为 2 000 kg、初始真近点角为 0°、推进系统比冲为 300 s 的 6 架航天器可执行在轨服务任务，其轨道根数见表 3 – 2。针对供需数量不均、目标众多分散而在轨服务力量有限这一情况，为获得高服务成功概率，拟采取"一对多"与"多对一"相结合的复合服务模式，寻求执行效益和能耗效率均衡发展的同时要综合考虑指派约束、燃料约束以及时效约束条件，在满足 70% 服务成功率的基础上，提升对目标 13 的服务成功概率并达到 85%。根据先验信息已知各航天器的服务成功概率 PA、根据轨道根数确定航天器到各目标轨位的速度增量，结合齐奥尔科夫斯基公式估算得到的燃料消耗量 Δm、成功概率门限 $\overline{P}$ 以及目标优先级 W 分别为

$$PA = \begin{bmatrix}
0.68 & 0.69 & 0.67 & 0.70 & 0.66 & 0.68 & 0.70 & 0.76 & 0.73 & 0.74 & 0.70 & 0.75 & 0.66 \\
0.69 & 0.70 & 0.68 & 0.66 & 0.72 & 0.69 & 0.75 & 0.72 & 0.74 & 0.72 & 0.75 & 0.75 & 0.67 \\
0.75 & 0.72 & 0.73 & 0.68 & 0.73 & 0.68 & 0.70 & 0.77 & 0.63 & 0.68 & 0.76 & 0.69 & 0.72 \\
0.69 & 0.70 & 0.69 & 0.74 & 0.67 & 0.76 & 0.74 & 0.69 & 0.76 & 0.73 & 0.65 & 0.77 & 0.69 \\
0.72 & 0.70 & 0.74 & 0.70 & 0.72 & 0.76 & 0.78 & 0.74 & 0.76 & 0.74 & 0.77 & 0.77 & 0.73 \\
0.73 & 0.70 & 0.76 & 0.69 & 0.73 & 0.73 & 0.70 & 0.70 & 0.71 & 0.74 & 0.73 & 0.70 & 0.76
\end{bmatrix}$$

$$\Delta m = \begin{bmatrix}
88 & 89 & 87 & 80 & 86 & 88 & 90 & 93 & 94 & 90 & 95 & 86 \\
89 & 90 & 88 & 86 & 92 & 89 & 95 & 94 & 92 & 95 & 95 & 87 \\
90 & 92 & 93 & 88 & 86 & 91 & 95 & 93 & 94 & 96 & 94 & 88 \\
89 & 91 & 92 & 90 & 91 & 92 & 94 & 96 & 93 & 95 & 97 & 89 \\
92 & 90 & 94 & 88 & 92 & 96 & 98 & 96 & 94 & 97 & 97 & 90 \\
93 & 90 & 96 & 89 & 93 & 97 & 90 & 96 & 94 & 93 & 95 & 91
\end{bmatrix}$$

$$\overline{P} = \begin{bmatrix} 0.69 & 0.69 & 0.69 & 0.69 & 0.69 & 0.75 & 0.75 & 0.75 & 0.75 & 0.75 & 0.75 & 0.75 & 0.85 \end{bmatrix}$$

$$W = \begin{bmatrix} 0.7 & 0.6 & 0.7 & 0.7 & 0.7 & 0.7 & 0.6 & 0.7 & 0.6 & 0.6 & 0.6 & 0.75 & 0.9 \end{bmatrix}$$

表 3 - 1　空间目标的轨道根数[225]

序号	卫星名称	e	$i/(°)$	$\Omega/(°)$	$\omega/(°)$	$\tau/(°)$
1	KAZSAT - 2	0.001 3	0.006 8	82.815 0	235.408 0	65.576 3
2	AZERSPACE 1	0.002 1	0.008 6	41.364 2	228.155 3	90.470 3
3	INSAT - 3D	0.001 4	0.017 0	251.038 2	8.029 4	100.930 5
4	INTELSAT 907	0.003 1	0.008 1	34.893 2	214.263 7	110.823 7
5	INTELSAT 16	0.003 5	0.008 5	88.034 3	183.858 7	117.095 1
6	RADUGA - 1M 2	0.003 3	0.008 9	320.714 2	332.982 5	126.556 4
7	INTELSAT	0.000 7	0.003 4	294.454 9	53.883 3	138.072 7
8	NSS - 10	0.003 1	0.022 7	10.679 6	246.486 4	190.272 9
9	VINASAT - 2	0.002 6	0.008 7	2.251 965	271.291 2	210.311 6
10	SCATHA	0.001 4	0.004 3	309.112 9	243.954 1	208.673 2
11	DSCS II F - 13	0.001 2	0.003 3	127.881 6	233.586 7	198.274 6
12	DSCS II F - 11	0.001 3	0.003 2	191.458 7	232.678 1	195.084 6
13	ZHONGXING - 6B	0.004 9	0.009 5	328.046 2	274.604 7	236.420 9

表 3 - 2　在轨航天器的轨道根数

序号	在轨航天器	e	$i/(°)$	$\Omega/(°)$	$\omega/(°)$	$\tau/(°)$
1	航天器 1	0.005 6	0.014 0	165.356 8	53.189 9	44.787 2
2	航天器 2	0.002 5	0.004 3	294.454 9	9.029 6	93.272 9
3	航天器 3	0.003 6	0.008 8	76.356 0	214.104 5	63.764 5
4	航天器 4	0.003 5	0.007 1	38.782 1	206.459 9	115.823 9
5	航天器 5	0.004 2	0.008 6	298.035 4	259.858 7	242.093 7
6	航天器 6	0.004 5	0.009 7	348.042 2	278.302 8	231.598 0

3.4.2　模型运算分析

案例中，面对不同轨位的 13 颗同步轨道目标，仅有 6 架在轨航天器可参与在轨服务，为了达到服务要求，需要为 6 架在轨航天器合理分配服务目标。从力量投入最小、燃料最省的角度来看，应尽可能采取"一对多"服务模式。但单架航天器在轨服务能力有限、服务成功概率相对较低，不能满足服务目标13成功概率达到85%的要求。因此，需要采取"一对多"与"多对一"相结合的复合服务模式。复合服务模式下的在轨目标分配，在追求高执行效益、满足各服务成功概率要求的同时，需考虑燃料消耗、能耗效率问题，还要兼顾指派方式、时效性以及鲁棒性等约束条件。若采取人工作业方式，需要遍历各种策略组合，计算较为繁琐，耗时较长，不利于快速响应需求。

3.4.2.1　过程分析

为获得时效性高、鲁棒性强的方案，实现最优性与可行性相统一，在目标分配过程中需充分考虑后续在轨服务各阶段的执行效益和能耗估计。

对于轨道机动阶段的执行效益和燃耗估计，需充分考虑指派因素、燃料消耗、时效性以及鲁棒性等约束条件，计算各航天器至各空间目标的轨道机动时长和燃料消耗量。图3-16展示了航天器1、航天器2和航天器3至目标13的轨道机动过程，分别计算了近地点转移轨道速度、远地点转移轨道速度、速度冲量、轨道机动时长和燃料消耗量等信息。例如，航天器1由轨道半径为38 864 km的初始轨道，采取双脉冲机动方式，机动至轨道半径为42 378 km的目标轨道，其近地点转移轨道速度为3.02 km/s，远地点转移轨道速度为2.81 km/s，轨道转移时的速度冲量为0.05 km/s，轨道机动时长14.03 h，消耗燃料35.4 kg。

对于服务实施阶段的执行效益和燃耗估计，区分单机服务与多机服务，计算各航天器至空间目标的执行效益和燃耗估计。表3-3列举了航天器1、航天器2和航天器3至目标13的执行效益和能耗估计。例如，在服务实施阶段航天器1对目标13的单机执行效益为77.4，若与航天器2联合则执行效益将增至88.3，与航天器3联合则执行效益将增至88.4，若3个航天器共同服务目标13则执行效益为 89.8；航天器 1 在服务实施阶段对目标 13 的能耗估计为 2.48 kg；航天器 2 在服务实施阶段对目标 13 的能耗估计为 2.45 kg，航天器 3 在服务实施阶段对目标 13 的能耗估计为 2.81 kg。

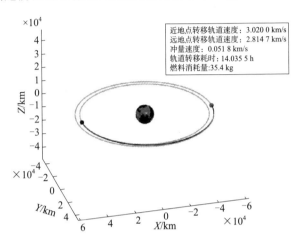

(a) 航天器1至目标13的转移轨道

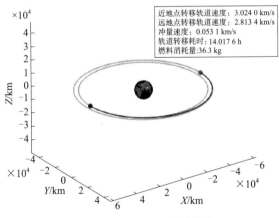

(b) 航天器2至目标13的转移轨道

图 3-16　各航天器至目标 13 的霍曼转移轨道

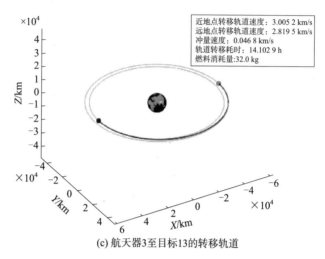

(c) 航天器3至目标13的转移轨道

图 3-16　各航天器至目标 13 的霍曼转移轨道（续）

表 3-3　服务实施阶段对目标 13 的执行效益与能耗估计

航天器	服务实施阶段执行效益					服务实施阶段能耗估计
	单机服务	航天器1、2联合	航天器2、3联合	航天器1、3联合	三机联合	对目标13的能耗估计/kg
航天器 1	77.4	88.3	—	88.4	89.8	2.48
航天器 2	78.3	88.3	88.5	—	89.8	2.45
航天器 3	79.2	—	88.5	88.4	89.8	2.81

　　为提升目标分配的执行效益，可在轨道机动过程中采取增大速度冲量的方式，但这一方式同时也会增加航天器的燃料消耗，从而导致能耗效率的降低。图 3-17 仿真展现了航天器机动至目标耗时随速度冲量增大呈非线性递减的变化情况，以及两轨道间燃料消耗随速度冲量增大呈非线性递增的变化情况。因此，目标分配过程中需要对每一次轨道机动的速度冲量进行估算与分析，在尽可能增大执行效益的同时尽可能提高能耗效率，促进执行效益与能耗效率的均衡发展，使得最优性与可行性相统一。

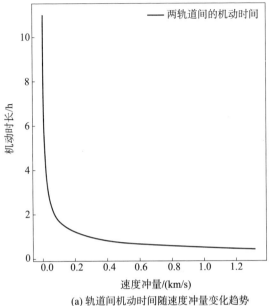

(a) 轨道间机动时间随速度冲量变化趋势

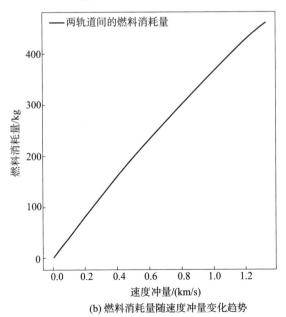

(b) 燃料消耗量随速度冲量变化趋势

图 3 - 17　轨道转移时间、燃料变化情况

　　航天器在轨目标分配中，需要考虑各航天器对每一空间目标的轨道机动过程，度量轨道机动方式、时长和燃耗等因素，只有这样才能为航天器选定服务目标、制定轨道机动方式。仅对于本算例而言，就需要计算 6 架航天器分别至 13 颗目标星的 78 组轨道机动数据。如果再考虑采取不同的速度冲量，那运算量将增至 78^n 数量级，组合量大、运算效率低。由此，发挥 Deep Q Networks 快速寻优、自主训练优势，运用本章介绍的基于改进 Deep Q Networks 的目标分配方法进行求解。

3.4.2.2　策略生成

　　针对这一复合服务模式下在轨目标分配问题，根据问题描述与建模，考虑多约束条件，运用本书介绍的基于改进 Deep Q Networks 的目标分配求解算法进行求解，其自主分配过程及结果见表 3 - 4。

表 3 - 4　基于改进 Deep Q Networks 的目标分配过程

序号	状态	航天器在轨目标分配策略	能耗效率	执行效益
①	初始化	$\begin{bmatrix} 0 & 0 & 0 & 0 & 0 & 0 & 0 & 0 & 0 & 0 & 0 & 0 & 0 \\ 0 & 0 & 0 & 0 & 0 & 0 & 0 & 0 & 0 & 0 & 0 & 0 & 0 \\ 0 & 0 & 0 & 0 & 0 & 0 & 0 & 0 & 0 & 0 & 0 & 0 & 0 \\ 0 & 0 & 0 & 0 & 0 & 0 & 0 & 0 & 0 & 0 & 0 & 0 & 0 \\ 0 & 0 & 0 & 0 & 0 & 0 & 0 & 0 & 0 & 0 & 0 & 0 & 0 \\ 0 & 0 & 0 & 0 & 0 & 0 & 0 & 0 & 0 & 0 & 0 & 0 & 0 \end{bmatrix}$	0.99	0
②	过程状态	$\begin{bmatrix} 1 & 1 & 1 & 1 & 1 & 1 & 1 & 1 & 1 & 1 & 1 & 1 & 1 \\ 1 & 1 & 1 & 1 & 1 & 1 & 1 & 1 & 1 & 1 & 1 & 1 & 1 \\ 1 & 1 & 1 & 1 & 1 & 1 & 1 & 1 & 1 & 1 & 1 & 1 & 1 \\ 1 & 1 & 1 & 1 & 1 & 1 & 1 & 1 & 1 & 1 & 1 & 1 & 1 \\ 1 & 1 & 1 & 1 & 1 & 1 & 1 & 1 & 1 & 1 & 1 & 1 & 1 \\ 1 & 1 & 1 & 1 & 1 & 1 & 1 & 1 & 1 & 1 & 1 & 1 & 1 \end{bmatrix}$	0.01	0.99
③		$\begin{bmatrix} 0 & 0 & 0 & 0 & 0 & 0 & 0 & 0 & 0 & 0 & 0 & 0 & 0 \\ 0 & 0 & 0 & 0 & 0 & 0 & 0 & 0 & 0 & 0 & 0 & 0 & 0 \\ 1 & 1 & 1 & 0 & 0 & 0 & 0 & 1 & 0 & 0 & 1 & 1 & 0 \\ 0 & 0 & 0 & 1 & 1 & 1 & 1 & 0 & 1 & 1 & 0 & 0 & 0 \\ 0 & 0 & 0 & 0 & 0 & 0 & 0 & 0 & 0 & 0 & 0 & 0 & 1 \\ 0 & 0 & 0 & 0 & 0 & 0 & 0 & 0 & 0 & 0 & 0 & 0 & 0 \end{bmatrix}$	0.98	0.58

续表

序号	状态	航天器在轨目标分配策略	能耗效率	执行效益
④	过程状态	$\begin{bmatrix} 0 & 0 & 0 & 0 & 0 & 0 & 0 & 0 & 0 & 0 & 0 & 0 & 0 & 0 \\ 0 & 0 & 0 & 0 & 0 & 0 & 0 & 0 & 0 & 0 & 0 & 0 & 0 & 0 \\ 0 & 0 & 0 & 0 & 0 & 0 & 0 & 0 & 0 & 0 & 0 & 0 & 0 & 1 \\ 0 & 0 & 0 & 0 & 0 & 0 & 0 & 0 & 0 & 0 & 0 & 0 & 0 & 1 \\ 1 & 1 & 1 & 1 & 1 & 1 & 0 & 0 & 0 & 0 & 0 & 0 & 0 & 0 \\ 0 & 0 & 0 & 0 & 0 & 0 & 1 & 1 & 1 & 1 & 1 & 1 & 0 & 0 \end{bmatrix}$	0.92	0.86
⑤	最佳策略	$\begin{bmatrix} 0 & 0 & 0 & 0 & 0 & 0 & 0 & 0 & 0 & 0 & 0 & 0 & 0 & 0 \\ 0 & 0 & 0 & 0 & 0 & 0 & 0 & 0 & 0 & 0 & 0 & 0 & 0 & 0 \\ 1 & 1 & 1 & 0 & 1 & 0 & 0 & 1 & 0 & 0 & 0 & 0 & 0 & 0 \\ 0 & 0 & 0 & 1 & 0 & 1 & 1 & 0 & 1 & 1 & 0 & 1 & 0 & 0 \\ 0 & 0 & 0 & 0 & 0 & 0 & 0 & 0 & 0 & 0 & 0 & 0 & 0 & 1 \\ 0 & 0 & 0 & 0 & 0 & 0 & 0 & 0 & 0 & 0 & 0 & 0 & 0 & 1 \end{bmatrix}$	0.96	0.98

（1）初始化

首先，以全 0 矩阵初始化航天器与各空间目标的指派策略，用双脉冲机动方式初始化轨道机动方式。然后，对目标分配 Deep Q Networks 网络进行初始化，以当前指派策略值初始化网络初始状态，用随机数初始化行为值 Q。最后，以当前指派策略和轨道机动方式为输入，通过 Deep Q Networks 网络获得当前分配策略①的能耗效率和执行效益值。其中，由于各指派策略均为 0，即没有实质的指派任务，执行效益为负值。

（2）自主训练过程

为获得更优的执行效益和能耗效率，采取贪婪策略，在追求执行效益和能耗效率均衡发展的同时大胆探索新的可能，训练过程将得到多组可能结果。例如，当分配策略达到状态②时，每一航天器均要对应每一个空间目标，大大降低了总体能耗效率；状态③不满足服务目标 13 成功概率达到 85% 的要求，使得执行效益较低；状态④虽兼顾了能耗效率和执行效益，但非模型最优解。

（3）最佳分配方案

经过 Deep Q Networks 网络自主训练多轮迭代、优化，最后收敛至最优分配策略⑤。复合服务模式下的最优分配策略为：

　　航天器 3 分别服务：目标 1、目标 2、目标 3、目标 5、目标 8、目标 11。

　　航天器 4 分别服务：目标 4、目标 6、目标 7、目标 9、目标 10、目标 12。

　　航天器 5 与航天器 6 联合服务：目标 13。

　　综上所述，通过基于改进 Deep Q Networks 的目标分配求解算法，将目标数量、轨道根数、在轨航天器力量分布情况作为输入，结合燃耗估计、目标优先级以及服务成功概率等先验信息，综合考虑指派约束、燃料约束以及时效约束等条件，通过目标分配 Deep Q Networks 双向训练网络，实现了执行效益与能耗效率的均衡发展，获得了最优分配策略⑤。该最优分配策略，不仅满足最少航天力量投入需求，且达到了相应的服务成功概率要求，针对目标 13 采取"多对一"服务模式，航天器 5 与航天器 6 联合服务成功概率为 93.5%，满足服务成功概率 85% 的指标要求。

3.4.3　算法对比

　　在求解具有多个优化目标、多项约束条件的复合服务模式下在轨目标分配问题时，科学、合理的求解算法将有利于提高模型运算效率、提升结果准确度。因而，不同算法间的对比分析是目标分配方法研究的一部分。

　　（1）算法适用性对比

　　目标分配问题是非线性组合优化问题的一种，通常使用枚举法才能求得最优解。诸如隐枚举、割平面和分支定界等算法也常被用于目标分配问题的求解，但却存在求解速率随约束条件增多而降低的不足，难以适用于较为复杂的目标分配问题[222]。遗传算法、粒子群算法、蚁群算法以及人工智能算法由于其对目标函数的连续性、凸性和解析表达式要求极低，且对不确定性适应性高，在目标分配问题上展现了良好的应用优势。

　　由国内外研究现状可知，虽然目前关于目标分配的研究文献已

较为丰富、方法研究也较为深入，但在航天领域的研究却还比较
欠缺。对于复合服务模型下在轨目标分配问题的求解，需要同时
运用"一对多"和"多对一"两种服务模式，需要考虑不同模式
对执行效益和能耗效率的影响，且受指派约束、燃料约束以及时
效约束等条件的制约。这就要求求解算法不仅要能够双管齐下同
时考虑两种服务模式，还要在分配过程中通过效益对比进行取舍。
表 3-5 选取了两种在航天领域有所运用的求解算法进行了适用性
对比分析。

表 3-5　不同目标分配算法的适用性对比

算法名称	特点	优势	适用性分析
遗传算法	1)以编码的方式工作，有效模拟基因遗传思想 2)用概率性传递规则，具有较好的全局寻优特点	1)能够获得目标分配问题的最优解 2)分配结果与初始环境无关，具有较强的鲁棒性	求解模式固定，控制变量较多，收敛速度较慢，对于"多对一"模式需要转换为多个"一对一"模式进行求解
蚁群算法	1)拥有正向回馈机制，有效模拟蚁群觅食行为 2)初始值随机求解，通过迭代达到最优	1)基于种群的进化求解方式，易于实现 2)执行简便，易于与其他方法相结合	参数初始化对算法求解方向影响较大，最终蚂蚁将趋向于选择同一路径，"一对多""多对一"两种模式难以同时使用
基于改进 Deep Q Networks 的目标分配求解算法	1)具备前向传输、后向反馈双向训练网络机制 2)贪婪策略大胆探索未知策略	1)不受规则限制，通过自我训练实现自主寻优 2)不受维度限制，适用于求解复杂的决策优化问题	拥有神经网络前向传输和反向训练的运算优势，能够同时考虑"一对多""多对一"两种模式；具备试错奖励的决策机制，能够使执行效益和能耗效率指标均衡发展

　　遗传算法能够很好地发挥"物竞天择，适者生存"的进化原则，
对于"一对多"模式下在轨目标分配问题求解有着较好的应用效果。
但是，受遗传、交叉和变异规则限制，遗传算法求解模式相对固定，
面对"多对一"模式下在轨目标分配问题则需要将其转换为多个

"一对一"目标分配问题，从而增添了求解模型的复杂度。对于"一对多"与"多对一"相结合的复合服务模式，遗传算法本身将难以直接求解，需要将复合服务模式进行转换或者分解为两个独立问题才能有效求解。

蚁群算法是一种有效模拟蚁群觅食的群体智能行为的优化算法，在航天器调度问题中得到有效运用[223,224]。然而，蚁群算法策略寻优过程直接依赖于每次搜寻路径上的信息素积累，致使每次模型只能求解一种分配模式，难以同时处理复合服务模式下在轨目标分配问题。

基于改进 Deep Q Networks 的目标分配求解算法是一种利用观察进行决策，通过与环境的不断交互进一步改善策略的方法。该算法发挥神经网络前向传输和反向训练的运算优势，能够同时考虑"一对多""多对一"两种分配模式；具备试错奖励的决策机制，使执行效益和能耗效率指标均衡发展，有利于"一对多""多对一"两种模式的自主取舍。

（2）算法运算量对比

为解决该复合服务模式下在轨目标分配问题，试图借鉴在轨服务目标分配相关研究成果[225,208,227-229]进行求解，但发现这些方法需要单独解决"一对一"或"一对多"模式的目标分配问题，不适合案例涉及的复合服务模式。为了对比分析不同算法的运算量，只好单独考虑案例中的"一对多"目标分配问题，分别用三种算法进行求解。

仿真运算依托 1.6 GHz、1.8 GHz 双核 CPU，8 GB RAM 计算硬件，运用 python 语言 PyCharm 编译环境进行，各方法的运算量如图 3-18 所示。其中，蚁群算法运用全局搜索方式计算开销较大，不同的起始方向导致运算时间波动大，平均耗时 0.32 s；遗传算法没能够利用反馈信息，训练时间相对较长，随机交叉变异致使运算时间波动较大，平均耗时 0.19 s；基于改进 Deep Q Networks 的目标分配求解算法运用神经网络，自主训练时间最短，

探索与利用策略的使用致使运算时间有小范围波动，平均耗时
0.06 s。由此，基于改进 Deep Q Networks 的目标分配求解算法能
够充分发挥神经网络前向传输和反向训练的运算优势，利用强化
学习试错奖励的决策机制，相比较，运算效率更高，也更适合复
合服务模式下在轨目标分配问题。

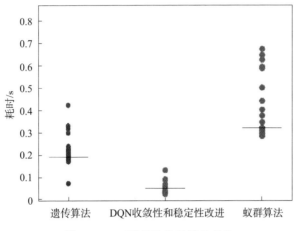

图 3-18　三种算法的运算量对比

　　与此同时，运用经典 Deep Q Networks 方法进行求解，获得了
相同结果，侧面印证了结果的准确性。两种方法的误差函数值对
比如图 3-19 所示，本书算法对全连接层的区分处理方式，促使仅
学习 70 次便可实现误差 0.01 的训练效果，整个训练过程的误差函
数值也以快近一倍的速率下降，在收敛性方面的改进效果明显。

　　本书算法与经典 Deep Q Networks 算法的奖励值对比如图 3-20
所示，本书算法在行为估计时引入另一神经网络，确保奖励值在快
速上升的同时波动更小，自主训练仅 33 次后便可保持在 0.197 8 最
佳奖励值附近，充分体现了稳定性方面的改进优势。

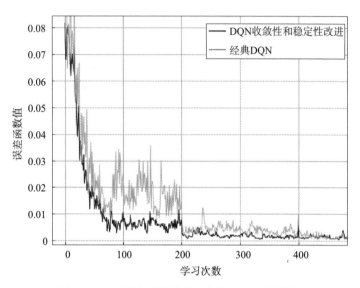

图 3-19　两种方法的误差函数值对比（见彩插）

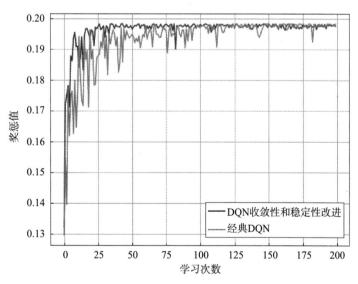

图 3-20　两种方法的奖励值对比（见彩插）

3.5　本章小结

针对目标众多分散而在轨服务力量有限这一现状，研究了复合服务模式下在轨目标分配问题，介绍了基于改进 Deep Q Networks 的目标分配求解算法。首先，面对航天器在轨目标分配所呈现的"非线性组合优化"特征，描述了复合服务模式下在轨目标分配问题；其次，为满足在轨服务目标分配问题特性，弥补经典方法奖励偏见和过估计问题，对 Deep Q Networks 方法进行了收敛性和稳定性改进；最后，追求执行效益和能耗效率的均衡发展，搭建了目标分配双向训练网络。案例分析表明，方法能够有效应对供需数量不均的不利影响，发挥复合服务模式优势，实现了执行效益与能耗效率的均衡发展，达到了较少力量投入、较高期望成功率的综合目标，可为在轨服务提供有效的辅助决策。算法对比表明，本书算法与其他常用算法相比较，训练耗时平均缩短 80%，与经典 Deep Q Networks 算法相比较，训练误差下降速率快一倍、奖励值在快速上升的同时波动更小，进一步改善了常规方法难以直接适用复合服务模式以及运算耗时较高的不足。

第 4 章　航天器轨道临时规避路径规划研究

依据复合服务模式下在轨目标分配方法得到的最优分配策略，通过事前规划设计空间转移轨道、制定服务实施方案，在轨航天器便可执行在轨服务任务。行动过程中，当沿既定转移轨道飞行的航天器突遇空间碎片时，为规避空间碎片，需临时进行路径规划，及时采取轨道规避机动。轨道临时规避，不仅要成功避开空间碎片，更要考虑轨道规避的及时性、燃料消耗的最优性，同时还受轨道偏移、规避方式以及制动时效等因素限制，致使路径规划面临较为复杂的多限制最短路径问题[230]。

4.1　轨道规避问题描述与建模

本节通过分析轨道机动路径事前规划方式的不足，描述航天器可能遭遇的空间碎片及采取的规避方式，明确轨道规避路径规划的重点；结合航天器与空间碎片的相对运动构建轨道规避控制模型，考虑控制、消耗、偏离以及敏捷等因素建立轨道规避约束条件。

4.1.1　问题描述

航天器轨道机动是在控制系统作用下，改变原有自由飞行轨道，进入另一轨位的飞行过程，是完成远距离在轨服务任务的必经过程。轨道机动路径规划，通常是基于一定的任务约束、轨道动力学以及时空系统，利用控制理论、数学规划理论和优化方法设计一条满足任务需求、具有最小代价的转移轨道。然而，航天器在实际轨道机动过程中，事前规划好的转移轨道（既定转移轨道）往往难以满足实际需求，其原因主要有以下几个方面：

1) 不确定因素难把握。在实际轨道机动路径规划中，往往需要综合考虑航天器机动性能、太空环境、碎片威胁以及机动任务等多种因素，但要事先建立一种能够包含所有这些不确定因素的规划模型是非常困难的。

2) 突发情况难知晓。航天器在轨道机动和服务实施过程中，不明空间碎片袭扰的情况随时可能发生，事前规划的方式难以知晓、预判这些突发情况，事前规划的转移轨道因而难以完全适用。

3) 目标函数难确定。最佳转移轨道可能会随着环境态势、任务需求以及突发情况而改变，因此事前确定的目标函数往往不能反映特定情况的任务要求。

4) 轨道选择难相宜。对于事前设定的目标函数，在某些情况下可能会存在多条代价相同的转移轨道，而事前设定的取舍策略则很难适应各类临时情况。

航天器在轨道机动和服务实施过程中最有可能面临的临时性事件以及不确定因素，主要来源于空间碎片。沿既定转移轨道飞行的航天器，为规避临时出现的空间碎片，需采取轨道规避机动，使得在某一时刻与空间碎片在径向或切向上偏离一定距离。规避机动是航天器沿既定转移轨道行进过程中为避让空间碎片所采取的紧急机动行为，顺利与否直接关系到整个在轨服务意图的实现，影响后续行动的成败。其间，必须纵观全局，审时度势，果断指挥，沉着处置，始终保持行动的主动权。

航天器临时采取轨道规避机动，将无法再使用传统地面提前进行的轨道规划方式，而需进行轨道规避路径的临时规划。轨道临时规避路径规划，作为航天器在轨主动防御技术，能够有效地提高航天器在轨飞行的安全可靠性和生存能力。轨道临时规避路径规划过程中，需要注重把握以下几点：

1) 规避时机的把握。轨道临时规避路径规划过程中，要注重把握发起规避的时机，选择在空间碎片逼近还尚有距离，而航天器已考虑规避成本、准备充分的时机。

2）规避策略的选择。需谨慎选择规避策略与方式，尽量使各方情况有利于我，但也不可优柔寡断，以免丧失最有利的规避时机。

3）不同偏好的设定。轨道临时规避路径规划前可设定不同的规避偏好，即重点考虑不同的因素来实现对空间碎片的规避，例如以燃料消耗为偏好，用最小的燃料消耗实现对空间碎片的规避。不同规避偏好的设定将能够满足更多的任务需求、更多的任务场景，但这对路径规划方法的灵活性要求则更高。

综上可知，最优的规避路径不仅要引导航天器顺利避开空间碎片，还要考虑规避机动的燃料消耗，并兼顾规避安全、最小偏移以及制动时效，属于一类多限制最短路径问题。

4.1.2　航天器轨道规避问题建模

为了突出研究重心、揭示问题本质，在数学建模、科学计算过程中需要运用高度抽象的数学化模型来研究轨道规避问题，为便于分析问题并突出重点，在对航天器轨道规避问题进行建模前做如下假设：

1）弱化地球自转对航天器轨道机动的影响，且暂不考虑多体摄动问题。

2）假设在整个航天器轨道规避过程中，追逐航天器与空间碎片均位于近地轨道。

3）航天器在轨道规避过程中，假设航天器具备强大的太空态势感知、及时的指挥和控制、先进的动力系统和强大的在轨运算能力。

4.1.2.1　轨道规避控制模型

沿既定转移轨道飞行的航天器突遇空间碎片，设航天器的地心矢径为 r_P、空间碎片的地心矢径为 r_O，则航天器相对于空间碎片的位置矢量 ψ 为

$$\psi = r_P - r_O \qquad (4-1)$$

假设航天器与空间碎片均受到与距离平方成反比的中心引力场作用，则有

$$\begin{cases} \dfrac{\mathrm{d}^2 \boldsymbol{r}_P}{\mathrm{d}t^2} = \boldsymbol{a}_P - \mu \dfrac{\boldsymbol{r}_P}{r_P^3} \\ \dfrac{\mathrm{d}^2 \boldsymbol{r}_O}{\mathrm{d}t^2} = -\mu \dfrac{\boldsymbol{r}_O}{r_O^3} \end{cases} \tag{4-2}$$

式中，$\boldsymbol{a}_P$ 为航天器轨道规避加速度矢量，$\boldsymbol{a}_P = [\boldsymbol{a}_{Px}, \ \boldsymbol{a}_{Py}, \ \boldsymbol{a}_{Pz}]$ ；μ 为引力常数。

将式（4-1）中的两式相减得

$$\frac{\mathrm{d}^2 \boldsymbol{\psi}}{\mathrm{d}t^2} = \frac{\mathrm{d}^2 \boldsymbol{r}_P}{\mathrm{d}t^2} - \frac{\mathrm{d}^2 \boldsymbol{r}_O}{\mathrm{d}t^2} = \boldsymbol{a}_P - \mu \frac{\boldsymbol{r}_P}{r_P^3} + \mu \frac{\boldsymbol{r}_O}{r_O^3} \tag{4-3}$$

式中，$\mathrm{d}^2 \boldsymbol{\psi} / \mathrm{d}t^2$ 为航天器与空间碎片的绝对加速度之差。

根据相对运动与绝对运动的关系[201]，可知

$$\frac{\mathrm{d}^2 \boldsymbol{\psi}}{\mathrm{d}t^2} = \frac{\delta^2 \boldsymbol{\psi}}{\delta t^2} + 2\boldsymbol{\omega} \frac{\delta \boldsymbol{\psi}}{\delta t} + \boldsymbol{\omega}^2 + \boldsymbol{\omega}\boldsymbol{\psi} + \boldsymbol{\varepsilon}\boldsymbol{\psi} \tag{4-4}$$

式中，$\delta \boldsymbol{\psi} / \delta t$ 和 $\delta^2 \boldsymbol{\psi} / \delta t^2$ 分别为航天器与空间碎片的相对速度和相对加速度；$\boldsymbol{\omega}$ 和 $\boldsymbol{\varepsilon}$ 分别为空间碎片的旋转角速度和角加速度。

结合式（4-3）和式（4-4），可得航天器与空间碎片矢量形式的相对运动模型

$$\frac{\delta^2 \boldsymbol{\psi}}{\delta t^2} + 2\boldsymbol{\omega} \frac{\delta \boldsymbol{\psi}}{\delta t} + \boldsymbol{\omega}^2 + \boldsymbol{\omega}\boldsymbol{\psi} + \boldsymbol{\varepsilon}\boldsymbol{\psi} = \boldsymbol{a}_P + \mu \frac{\boldsymbol{r}_O - (\boldsymbol{r}_O / \boldsymbol{r}_P)^3 \boldsymbol{r}_P}{r_O^3}$$

$$\tag{4-5}$$

令 $\boldsymbol{x}^0$、$\boldsymbol{y}^0$ 和 $\boldsymbol{z}^0$ 分别为空间笛卡儿坐标系三轴的单位矢量，可得

$$\begin{cases} \boldsymbol{\psi} = x\boldsymbol{x}^0 + y\boldsymbol{y}^0 + z\boldsymbol{z}^0 \\ \boldsymbol{r}_P = (x + r_O)\boldsymbol{x}^0 + y\boldsymbol{y}^0 + z\boldsymbol{z}^0 \\ \boldsymbol{r}_O = r_O \boldsymbol{x}^0 \\ \dfrac{\delta \boldsymbol{\psi}}{\delta t} = \dot{x}\boldsymbol{x}^0 + \dot{y}\boldsymbol{y}^0 + \dot{z}\boldsymbol{z}^0 \\ \dfrac{\delta^2 \boldsymbol{\psi}}{\delta t^2} = \ddot{x}\boldsymbol{x}^0 + \ddot{y}\boldsymbol{y}^0 + \ddot{z}\boldsymbol{z}^0 \\ \boldsymbol{\omega} = \omega\boldsymbol{z}^0, \boldsymbol{\varepsilon} = \varepsilon\boldsymbol{z}^0 \end{cases} \tag{4-6}$$

当航天器与空间碎片的相对距离 $\boldsymbol{\psi}$ 远小于航天器飞行轨道半径

r_P 时，可对航天器与空间碎片的引力加速度差做线性处理，由式（4-6）的第二式可得

$$r_P = [(r_O + x)^2 + y^2 + z^2]^{\frac{1}{2}} \tag{4-7}$$
$$= (r_O^2 + 2r_O x + \boldsymbol{\psi}^2)^{\frac{1}{2}}$$

因而有

$$\left(\frac{r_O}{r_P}\right)^3 = \left[1 + \frac{2x}{r_O} + \left(\frac{\boldsymbol{\psi}}{r_O}\right)^2\right]^{-\frac{3}{2}} \tag{4-8}$$

于是，将式（4-6）、式（4-8）代入式（4-5），可得航天器规避空间碎片的控制模型

$$\begin{cases} \ddot{x} - 2\omega\dot{y} - \omega^2 x - \varepsilon y - \dfrac{2\mu x}{r_O^3} = a_{Px} \\[2mm] \ddot{y} + 2\omega\dot{x} - \omega^2 y + \varepsilon x + \dfrac{\mu y}{r_O^3} = a_{Py} \\[2mm] \ddot{z} + \dfrac{\mu z}{r_O^3} = a_{Pz} \end{cases} \tag{4-9}$$

4.1.2.2　轨道规避约束条件

航天器轨道临时规避路径规划，其目的是在太空环境以及航天器飞行控制、轨道力学等约束下为航天器规划出最优规避路径。此外，规避轨道路径规划还需要重点考虑轨道保持问题，即在确保成功规避空间碎片的同时尽快恢复至既定转移轨道，并使得规避机动耗时最短、燃料消耗最小。于是，根据上文轨道规避控制模型的建立，结合规避路径规划的需求，航天器轨道规避问题主要考虑以下约束：

（1）规避控制约束

考虑到航天器所携带燃料的有限性，且规避机动加速度不能超过推进发动机的额定负载能力，对航天器规避机动的加速度变化率进行条件约束

$$\sum_{n=1}^{N} \Delta J_n \leqslant AC \tag{4-10}$$

式中，ΔJ 为航天器轨道规避机动的加速度变化率；N 为推进发动机控制次数；AC 为航天器推进器额定加速变化率。

（2）轨道偏离约束

航天器在规避空间碎片过程中需考虑轨道保持，即在规避成功后应尽快恢复至既定转移轨道，以确保任务能够按计划完成且降低不确定因素的影响

$$\int_{t_1}^{t_2} \Delta D_t \, dt \leqslant Dis \qquad (4-11)$$

式中，ΔD_t 为航天器单位时间内偏离既定转移轨道的偏移量；Dis 为航天器机动控制范围内的最大累计偏离量。

（3）制动敏捷约束

航天器与空间碎片均是高速飞行，轨道规避过程需注重航天器的制动灵敏度，以避免失稳现象的出现

$$\sum_{n=1}^{N} \Delta T_n \leqslant Terr \qquad (4-12)$$

式中，ΔT_n 为航天器规避机动的制动敏捷度；$Terr$ 为额定累计制动误差。

（4）燃料消耗约束

燃料约束指用于轨道规避的能耗不得超过航天器除去轨道机动和服务实施所剩燃料的总量

$$\int_{t_1}^{t_2} \dot{m} \, dt \leqslant m - \Delta m_{\text{maneuver}} - \Delta m_{\text{counter}} \qquad (4-13)$$

式中，$\dot{m}$ 为单位时间航天器轨道规避机动的燃料消耗量；m 为航天器所携带燃料总量；$\Delta m_{\text{maneuver}}$ 为轨道机动阶段的燃料消耗估计；$\Delta m_{\text{counter}}$ 为服务实施阶段的燃料消耗估计。

4.2　基于 Frenet 坐标系的轨道规避指标模型

在航天器轨道规避指标模型建立中，除了要考虑规避空间碎片，还要尽可能地沿既定转移轨道继续行进，将同时存在航天器与目标

的相对运动以及与既定转移轨道的绝对运动，其坐标表述相对复杂，从而增添了建模的难度。为此，本节首先针对航天器规避空间碎片的轨道机动特性，构建 Frenet 坐标系，解决路径规划中航天器与既定转移轨道相对位置不易表述的难题；其次，给出 Frenet 坐标系与笛卡儿坐标系的转换关系，方便执行模块的应用；最后，综合考虑规避安全、轨道保持、制动时效和燃料消耗等因素，构建轨道规避路径规划指标模型以满足不同任务及偏好。

4.2.1　基于 Frenet 的空间运动坐标系

航天器规避空间碎片时，通常在轨道平面内采取横向偏移、纵向偏移或者沿着垂直轨道平面方向偏移的规避策略。采取横向偏移的策略所需的速度增量相比其他两种规避策略所需的速度增量更小，所消耗的燃料也更少[107]。因此，本节以横向偏移策略为例，研究航天器轨道规避路径的自主规划，其余策略亦可以此为参考。

轨道规避的路径规划过程中，涉及与空间碎片的逼近甚至交会，这一相对运动过程若采用绝对轨道参数（例如轨道六根数）来描述将难以明显分辨两者间的相对运动关系[233]，因此这类问题多结合相对运动方程进行描述。空间相对运动可用多种坐标系进行表示，其中地心惯性（Earth Centered Inertial，ECI）坐标系[①]更利于绕地心轨道运动描述，视线（Line of Sight，LOS）坐标系[②]利于航天器与空间目标在惯性空间中相对运动描述，航天器本体（Body Fixed，BF）坐标系[③]利于航天器自身旋转运动的描述。然而，航天器规避

----

①　地心惯性坐标系，是以地球质心为原点建立的空间直角坐标系，或以球心与地球质心重合的地球椭球面为基准面所建立的大地坐标系。坐标系中，以子午面与赤道面的交线为 X 轴，Z 轴与地球旋转轴重合，Y 轴与 XZ 平面垂直构成右手系。

②　视线坐标系，也被称为 Range Horizontal Vertical（RHV）坐标系，其 X 轴沿目标视线方向，Y 轴在水平平面内，Z 轴由右手螺旋定理确定。

③　航天器本体坐标系，又称飞行器坐标系、弹体坐标系或箭体坐标系等，其坐标原点 O 在航天器质心，X 轴沿航天器纵轴指向头部，Y 轴在航天器的纵对称面内垂直于 X 轴，Z 轴与 X 轴、Y 轴构成右手直角坐标系。

机动不仅要考虑沿既定转移轨道的绝对运动，还要兼顾规避空间碎片的相对运动，运用上述坐标系表示均较为繁琐、不利于计算。

为解决路径规划中航天器与既定转移轨道相对位置不易表述的难题，构建图 4－1 所示 Frenet 坐标系[234,235]，描述航天器的规避机动过程。Frenet 坐标系指的是以航天器作为参考点，以既定转移轨道为参考线，把航天器飞行轨迹的切向矢量 $\vec{t}_r$ 和法向矢量 $\vec{n}_r$ 构成沿参考线移动的右手直角坐标系。坐标系中，采用沿参考线移动的纵向偏移 s（即沿着参考线方向的位移）和横向偏移 d（即沿法向偏离参考线的位移），描述航天器规避机动过程中任意一点的位置坐标 $(s，d)$。

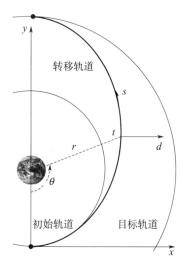

图 4－1　基于 Frenet 坐标系的航天器空间运动

Frenet 坐标系中，切向矢量 $\vec{t}_r$ 和法向矢量 $\vec{n}_r$ 之间的关系如下[236]

$$
\begin{bmatrix} \dfrac{\mathrm{d}\vec{t}_r}{\mathrm{d}s} \\[2mm] \dfrac{\mathrm{d}\vec{n}_r}{\mathrm{d}s} \end{bmatrix} = \begin{bmatrix} 0 & k \\ -k & 0 \end{bmatrix} \begin{bmatrix} \vec{t}_r \\ \vec{n}_r \end{bmatrix} \tag{4－14}
$$

式中，k 为当前点位的曲率。

曲率是对切线沿参考线变化速率快慢的度量[237]

$$k = \lim_{\Delta s} \left| \frac{\Delta \theta}{\Delta s} \right| = \frac{\mathrm{d} \vec{t}_r}{\mathrm{d} s} \qquad (4-15)$$

式中，θ 为切向转角。

在 Frenet 坐标系中，可将航天器的规避机动表述成关于弧长的向量值函数[100]

$$\vec{r}(s) = x(s) \vec{i} + y(s) \vec{j} \qquad (4-16)$$

于是，以既定转移轨道为动态参考线，航天器在 t 时刻的坐标为

$$\vec{x}(s(t), d(t)) = \vec{r}(s(t)) + d(t) \vec{n}_r(s(t)) \qquad (4-17)$$

由此，可将 Frenet 坐标系下航天器运动模型表述为

$$\begin{cases} \dot{s} = \dfrac{v \cos \phi}{1 - d k_r} \\[2mm] \dot{d} = v \sin \phi \\[2mm] \dot{\phi} = v k_v - \dot{s} k_r \end{cases} \qquad (4-18)$$

式中，v 为航天器飞行速度；ϕ 为航天器相对应参考线的航向偏差，$\phi \Rightarrow \vartheta - \vartheta_r$，$\vartheta$ 为航天器的航向角，ϑ_r 为参考线航向角；k_v 和 k_r 分别为航天器转向曲率以及参考线曲率。

基于 Frenet 坐标系描述航天器规避机动，仅与参考线的选取有关，与航天器的绝对位置无关，这样更容易表述航天器沿既定转移轨道的偏离情况。将航天器规避机动路径的表示分解成与既定转移轨道（参考线）相关的两个方向，这不仅符合航天器规避机动实际，简化了路径规划模型，降低了空间运动模型的复杂度，而且表述方式简单，求解状态微分方程方便，利于提高运算效率。

4.2.2　Frenet 坐标系的笛卡儿转换

基于 Frenet 坐标系进行航天器轨道临时规避路径规划，将输出单独的横、纵向路径，而最终规避路径的输出需要可直接被执行模

块所应用，因而需要把 Frenet 坐标系下得到的路径规划结果对应输出到笛卡儿坐标系[①][239,240]内。

为了使规避路径是可行、可操作的，所生成的路径曲率关于时间的一阶微分，以及航天器规避机动加速度关于时间的一阶微分都要是连续的。为此，当明确初始状态及其一阶、二阶微分函数时，对 $d(t)$ 和 $s(t)$ 采用五次多项式[②]进行表征

$$d(t) = \alpha_0 + \alpha_1 t + \alpha_2 t^2 + \alpha_3 t^3 + \alpha_4 t^4 + \alpha_5 t^5 \qquad (4-19)$$

$$\dot{d}(t) = \alpha_1 + 2\alpha_2 t + 3\alpha_3 t^2 + 4\alpha_4 t^3 + 5\alpha_5 t^4 \qquad (4-20)$$

$$\ddot{d}(t) = 2\alpha_2 + 6\alpha_3 t + 12\alpha_4 t^2 + 20\alpha_5 t^3 \qquad (4-21)$$

$$s(t) = \alpha_0 + \alpha_1 t + \alpha_2 t^2 + \alpha_3 t^3 + \alpha_4 t^4 + \alpha_5 t^5 \qquad (4-22)$$

$$\dot{s}(t) = \alpha_1 + 2\alpha_2 t + 3\alpha_3 t^2 + 4\alpha_4 t^3 + 5\alpha_5 t^4 \qquad (4-23)$$

$$\ddot{s}(t) = 2\alpha_2 + 6\alpha_3 t + 12\alpha_4 t^2 + 20\alpha_5 t^3 \qquad (4-24)$$

式中，s 为航天器的纵向偏移；$\dot{s}$ 为航天器的纵向偏移速率；$\ddot{s}$ 为航天器的纵向偏移加速度；d 为航天器的横向偏移；$\dot{d}$ 为航天器的横向偏移速率；$\ddot{d}$ 为航天器的横向偏移加速度。

将式（4-19）至式（4-24）用矩阵形式表示

---

① 笛卡儿坐标系（Cartesian Coordinates）是直角坐标系和斜坐标系的统称。相交于原点的两条数轴，构成了平面放射坐标系。如两条数轴上的度量单位相等，则称此放射坐标系为笛卡儿坐标系。两条数轴互相垂直的笛卡儿坐标系，称为笛卡儿直角坐标系，否则称为笛卡儿斜角坐标系。

② 用来描述路径的高阶多项式有多种，例如三次多项式、五次多项式以及七次多项式等。其中，三次多项式虽能保证路径一定的平滑性、位置跟速度的连续性，但却无法指定加速度边界条件，平滑程度易受运动特性及惯性载荷的影响。随着阶次的增加，规划用时也会增长，从而影响规划模型的时效性。因此，利用五次多项式描述的航天器规避运动过程对各参数关于时间的一阶微分而言是最优的选择[240]。

$$\begin{bmatrix} 1 & t & t^2 & t^3 & t^4 & t^5 \\ 0 & 1 & 2t & 3t^2 & 4t^3 & 5t^4 \\ 0 & 0 & 2 & 6t & 12t^2 & 20t^3 \\ 0 & t & t^2 & t^3 & t^4 & t^5 \\ 0 & 1 & 2t & 3t^2 & 4t^3 & 5t^4 \\ 0 & 0 & 2 & 6t & 12t^2 & 20t^3 \end{bmatrix} \begin{bmatrix} \alpha_0 \\ \alpha_1 \\ \alpha_2 \\ \alpha_3 \\ \alpha_4 \\ \alpha_5 \end{bmatrix} = \begin{bmatrix} d(t) \\ \dot{d}(t) \\ \ddot{d}(t) \\ s(t) \\ \dot{s}(t) \\ \ddot{s}(t) \end{bmatrix} \tag{4-25}$$

令

$$\boldsymbol{W} = \begin{bmatrix} 1 & t & t^2 & t^3 & t^4 & t^5 \\ 0 & 1 & 2t & 3t^2 & 4t^3 & 5t^4 \\ 0 & 0 & 2 & 6t & 12t^2 & 20t^3 \\ 0 & t & t^2 & t^3 & t^4 & t^5 \\ 0 & 1 & 2t & 3t^2 & 4t^3 & 5t^4 \\ 0 & 0 & 2 & 6t & 12t^2 & 20t^3 \end{bmatrix}, \boldsymbol{P} = \begin{bmatrix} d(t) \\ \dot{d}(t) \\ \ddot{d}(t) \\ s(t) \\ \dot{s}(t) \\ \ddot{s}(t) \end{bmatrix} \tag{4-26}$$

于是有

$$\boldsymbol{C} = \boldsymbol{W}^{-1}\boldsymbol{P} \tag{4-27}$$

根据 $[d, \dot{d}, \ddot{d}, s, \dot{s}, \ddot{s}]$ 的五次多项式表示，Frenet 坐标转换到笛卡儿坐标，可将航天器任意时刻 t 下的状态表述为 $[\vec{x}, \theta_x, k_x, v_x, a_P]$。其中，$\vec{x}$ 为航天器当前位置，可用纵向偏移和横向偏移表示 $\vec{x} = (s, d)$；θ_x 为航天器当前的方位角；k_x 为机动路径的曲率；v_x 为航天器机动速度；a_P 为航天器规避机动加速度。

如图 4-2 所示，当航天器采取规避机动后，其飞行轨道不再与既定转移轨道重合。在笛卡儿坐标中，将航天器当前位置 O 投影到既定转移轨道上的 P 点的位置向量记为 $\vec{r}(s) = (x_r, y_r)$，航天器当前位置与投影点之间的空间距离为

$$d = \pm\sqrt{(x - x_r)^2 + (y - y_r)^2} \tag{4-28}$$

式中，当 $(y - y_r)\cos\theta_r - (x - x_r)\sin\theta_r > 0$ 时，距离 d 为正数；否则，距离 d 为负数。

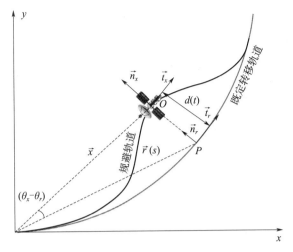

图 4 - 2　Frenet 坐标系的笛卡儿转换

$\vec{t}_x$、$\vec{n}_x$ 为航天器当前位置的单位正交向量，$\vec{t}_r$、$\vec{n}_r$ 为既定转移轨道上投影点的单位正交向量。由此，可将航天器的横向偏移表示为

$$d = [\vec{x} - \vec{r}(s)]^{\mathrm{T}} \cdot \vec{n}_r \qquad (4-29)$$

航天器横向速度表示为

$$\begin{aligned}
\dot{d} &= [\dot{\vec{x}} - \dot{\vec{r}}(s)]^{\mathrm{T}} \cdot \vec{n}_r + [\vec{x} - \vec{r}(s)]^{\mathrm{T}} \cdot \dot{\vec{n}}_r \\
&= v_x \vec{t}_x \vec{n}_r \\
&= v_x \sin(\theta_x - \theta_r)
\end{aligned} \qquad (4-30)$$

式中，$\dot{\vec{n}}_r = -k_r \vec{t}_r$。

由式（4-30）可得

$$\theta_x = \theta_r + \arcsin\left(\frac{\dot{d}}{\sqrt{[1 - k_r d]^2 \dot{s}^2 + \dot{d}^2}}\right) \qquad (4-31)$$

将航天器横向偏移对纵向偏移的一阶导数表示为

$$\dot{d} = \frac{\mathrm{d}}{\mathrm{d}s}(d) = \frac{\mathrm{d}t}{\mathrm{d}s}\frac{\mathrm{d}}{\mathrm{d}s}(d) = \frac{\dot{d}}{\dot{s}} = \frac{1}{s} v_x \sin(\theta_x - \theta_r) \qquad (4-32)$$

将航天器横向偏移对纵向偏移的二阶导数表示为

$$\ddot{d} = \frac{\mathrm{d}}{\mathrm{d}s}(\dot{d})$$

$$= -[\dot{k}_r d + k_r \dot{d}] \tan(\theta_x - \theta_r) + \frac{1 - k_r d}{\cos^2(\theta_x - \theta_r)} \left[k_x \frac{1 - k_r d}{\cos^2(\theta_x - \theta_r)} - k_r \right]$$

$$(4 - 33)$$

进而，由式（4-32）和式（4-33）可得 Frenet 坐标与笛卡儿坐标的转换关系

$$v_x = \dot{s} \frac{1 - k_r d}{\cos(\theta_x - \theta_r)} \qquad (4 - 34)$$

$$a_P = \dot{v}_x$$

$$= \ddot{s} \frac{1 - k_r d}{\cos(\theta_x - \theta_r)} + \frac{\dot{s}^2}{\cos(\theta_x - \theta_r)}$$

$$[(1 - k_r d) \tan(\theta_x - \theta_r) \cdot (\theta_x - \theta_r)' - (k'_r d + k_r d')]$$

$$(4 - 35)$$

4.2.3　航天器轨道规避优化指标

为了获得最优的规避路径，航天器轨道规避中要考虑多项指标。首先，要确保机动路径顺利规避空间碎片；其次，要使规避路径兼顾轨道保持；然后，要考虑航天器制动时效；最后，还要尽可能节省燃料。依此，构建航天器轨道规避指标体系（见图4-3）与模型，以便规划获得最优规避路径。

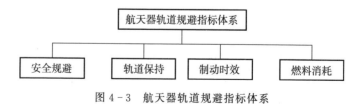

图4-3　航天器轨道规避指标体系

$$\min Q = \gamma_J J_t(d(\Delta t)) + \gamma_d \Delta d + \gamma_t \Delta t + \gamma_r |\dot{d}(\Delta t)|$$

$$(4-36)$$

式中，$J_t(\cdot)$ 项惩罚机动加速度变化率较大的路径方向，确保对空间碎片的规避安全；Δd 项以减小横向偏移，促使航天器沿既定转移轨道行进；Δt 项以缩减制动时间，提升航天器制动敏捷度；$|\dot{d}(\Delta t)|$ 项以控制横向加速度，从而降低燃料消耗；γ_J，γ_d，γ_t，γ_r 为全局优化函数的权重值，且满足 $\gamma_J + \gamma_d + \gamma_t + \gamma_r = 1$。

（1）规避安全

航天器在规避机动过程中，若机动加速度变化率较大则使航天器状态不稳定，增高航天器在规避空间碎片过程中的安全性风险。轨道规避路径，可由 Frenet 坐标系分解为纵向 $\vec{s}$ 和法向 $\vec{d}$ 的一维问题，这样可以根据 Jerk 函数构建一维积分模型，其形式为

$$\dot{\vec{u}}(t) = \begin{bmatrix} 0 & 1 & 0 \\ 0 & 0 & 1 \\ 0 & 0 & 0 \end{bmatrix} \vec{u}(t) + \begin{bmatrix} 0 \\ 0 \\ 1 \end{bmatrix} \dddot{f}(t) \qquad (4-37)$$

式中，$\vec{u}(t) = [f(t), \dot{f}(t), \ddot{f}(t)]^T$；$f(t)$ 为横向偏移；$\dddot{f}(t)$ 为 Jerk 函数，则横向 Jerk 分量为 $\dddot{d}(t)$。

对于式（4 - 37），已知 t_0 时刻的初始状态 $S_0 = [f(t_0), \dot{f}(t_0), \ddot{f}(t_0)]$ 和 t_1 时刻的空间碎片状态 $S_1 = [f(t_1), \dot{f}(t_1), \ddot{f}(t_1)]$，Jerk 存在最优化轨迹 $J_{f(t)}$

$$J_{f(t)} = \int_{t_0}^{t_1} g(\dddot{f}(t)) \, dt + h(\vec{u}(t), t)_{t_1} \qquad (4-38)$$

式中，$g(\dddot{f}(t))$ 可用于评价规避轨道路径的平稳性；$h(\vec{u}(t), t)$ 为目标配置的函数，可用来评价规避轨道路径。

图 4-4 所示为在不同加速度下的规避轨道路径示意图。图中，不同颜色区域显示了加速度变化率，航天器在规避空间碎片后飞行方向不再有障碍物，航天器将选择最快恢复至既定转移轨道的机动路径，使航天器重新回到既定转移轨道。

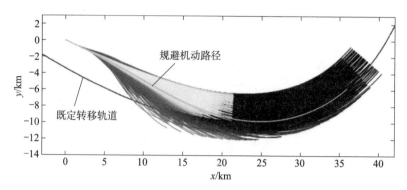

图 4-4 轨道规避路径的加速度变化率曲线（见彩插）

（2）轨道保持

航天器横向偏移主要承担对空间碎片的规避以及规避过后路径及时恢复的任务。将式（4-25）用矩阵方程的形式表述为

$$
\begin{bmatrix} d(t) \\ \dot{d}(t) \\ \ddot{d}(t) \end{bmatrix} = \begin{bmatrix} 1 & t & t^2 \\ 0 & 1 & 2t \\ 0 & 0 & 2 \end{bmatrix} \cdot \begin{bmatrix} \alpha_0 \\ \alpha_1 \\ \alpha_2 \end{bmatrix} + \begin{bmatrix} t^3 & t^4 & t^5 \\ 3t^2 & 4t^3 & 5t^4 \\ 6t & 12t^2 & 20t^3 \end{bmatrix} \cdot \begin{bmatrix} \alpha_3 \\ \alpha_4 \\ \alpha_5 \end{bmatrix}
$$

$$
= \boldsymbol{M}_{d1}(t) \cdot \begin{bmatrix} \alpha_0 \\ \alpha_1 \\ \alpha_2 \end{bmatrix} + \boldsymbol{M}_{d2}(t) \cdot \begin{bmatrix} \alpha_3 \\ \alpha_4 \\ \alpha_5 \end{bmatrix}
$$

$$(4-39)$$

为简化计算，令 $t_0 = 0$、$t_1 = \tau$。当 $t = 0$ 时，$\alpha_0 = d(0)$、$\alpha_1 = \dot{d}(0)$、$\alpha_2 = \dfrac{\ddot{d}(0)}{2}$。当 $t = \tau > 0$ 时，系数 α_3、α_4、α_5 可依据下列方程求解

$$
\begin{bmatrix} \alpha_3 \\ \alpha_4 \\ \alpha_5 \end{bmatrix} = \boldsymbol{M}_{d2}^{-1}(\tau)(\tau) \cdot \left(\begin{bmatrix} d(\tau) \\ \dot{d}(\tau) \\ \ddot{d}(\tau) \end{bmatrix} - \boldsymbol{M}_{d1}(\tau) \cdot \begin{bmatrix} d(0) \\ \dot{d}(0) \\ \dfrac{\ddot{d}(0)}{2} \end{bmatrix} \right)
$$

$$(4-40)$$

对于航天器横向规划，当已知 t_0 时刻的初始状态 $S_0 = [d(t_0), \dot{d}(t_0), \ddot{d}(t_0)]$ 和 t_1 时刻的空间碎片状态 $S_1 = [d(t_1), \dot{d}(t_1), \ddot{d}(t_1)]$，航天器的横向偏移路径可通过式（4-39）至式（4-40）解得。

图 4-5 所示为由不同横向偏移量所产生的规避轨道路径示意图。图中，蓝色点所在曲线为既定转移轨道，绿色点所在曲线为最优横向规避路径。此外，周围黑色曲线为满足基本要求的有效路径，灰色曲线为无效路径。

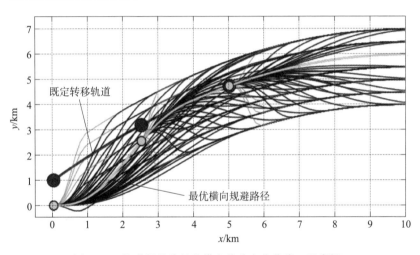

图 4-5　轨道规避路径的横向偏移变化曲线（见彩插）

（3）制动时效

航天器的制动若不及时，将可能导致航天器规避机动出现超调或者失稳现象。航天器制动不灵敏，将可能导致轨道规避路径不再满足贝尔曼（Bellman）最优化原理[①]，致使当前路径在下一时刻不再是最优路径。特别是当下一时刻路径与上一时刻所预测的路径相

---

① Bellman 最优化原理是指经过 (i, j) 的从 (i_0, j_0) 到 (i_f, j_f) 的最优路径，是一条由原点 (i_0, j_0) 到结点 (i, j) 到终点 (i_f, j_f) 最优路径的串联。

距过大时，超调或失稳现象将变得尤为明显。

图 4 - 6 展示了同一规划策略下所采取的两种不同制动灵敏度，其轨道规避路径将取决于灵敏度采样时间。其中，分别以 $n_i(i=1, 2, \cdots, N)$ 为后续路径规划的起始点，图 4 - 6（a）为采用较高制动灵敏度 ΔT_a 的规避轨道路径；图 4 - 6（b）为采用较低制动灵敏度 ΔT_b 的规避轨道路径，该路径在参考线上下波动将可能导致失稳现象。

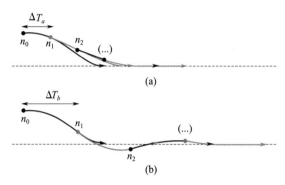

图 4 - 6　不同制动灵敏度下的规避轨道路径

（4）燃料消耗

在图 4 - 1 所示的在二体模型中，把中心天体作为参考点，将近拱点法向方向作为极角起点，以航天器机动方向为极角正向，航天器沿着引力常数 μ 的椭圆转移轨道飞行。其间，在规避空间碎片过程中，采取横向偏移策略，推力方向始终在转移轨道平面内且沿转移轨道法向 $\vec{d}$，其动力学方程为[242]

$$\begin{cases} \ddot{r} - r\dot{\theta}^2 + \dfrac{\mu}{r^2} = 0 \\[2mm] 2\dot{r}\dot{\theta} + r\ddot{\theta} = u\dfrac{\ddot{d}(t)}{\tan\varphi} \end{cases} \quad (4-41)$$

式中，r 为轨道半径；θ 为航天器的极角；$u = [0, 1]$ 为推力开关函数；φ 为航天器转向角。

基于电推进发动机[①]高比冲、低燃耗特性[243,244]，采取连续推力机动方式，其推力大小与燃料消耗关系式为[245]

$$m\,|\,\ddot{d}(t)\,| = -\dot{m}V_e \qquad (4-42)$$

式中，m 为航天器质量；$\dot{m}$ 为质量流量；V_e 为连续推力发动机的有效排气速度。

考虑燃料消耗对航天器质量的影响，对式（4-42）积分，可得到燃料消耗表达式[244,245]

$$\begin{cases} m_f = me^{-\int_{t_1}^{t_2}|\ddot{d}(t)|\,\mathrm{d}t/V_e} \\ \Delta m = m - m_f \end{cases} \qquad (4-43)$$

式中，m_f 为航天器剩余质量；Δm 为燃料消耗的估计量。

当考虑燃料消耗相对于航天器质量而言是小量时，可假定整个规避机动过程航天器质量不变。对式（4-42）积分后，得到燃料消耗的估计式

$$\Delta m = \int_{t_1}^{t_2} \dot{m}\,\mathrm{d}t = \frac{m}{V_e}\int_{t_1}^{t_2}|\ddot{d}(t)|\,\mathrm{d}t \qquad (4-44)$$

经分析知，当 $\int_{t_1}^{t_2}|\ddot{d}(t)|\,\mathrm{d}t \ll V_e$ 时，式（4-43）与式（4-44）近似相等。

4.3　基于改进人工势场的路径生成算法

航天器轨道临时规避不仅要避开空间碎片，还要考虑燃料消耗、最小偏移以及制动时效等因素，是典型的多限制最短路径问题。人工势场法在具有数学描述清晰、运算迅速、计算量小以及硬件要求低等优势的同时，也存在目标不可达、局部极小陷阱等缺点。为进

———————————

① 电推进发动机，也称电火箭发动机，是一种不依赖化学燃烧就能产生推力的设备。电推进发动机不再需要使用固体或液体燃料，省去了复杂的储罐、管道、发动机燃烧室、喷管、相应冷却机构等，能大幅减少航天器的燃料携带量。

一步改善常规方法难以同时满足不同规避偏好以及轨道兼顾性较弱等不足，本节通过构建以参考线牵引、远距点斥力忽略、障碍点引力减弱的人工势场模型，提出基于改进人工势场的路径生成算法[246]，实现航天器对空间碎片的自主规避。

4.3.1　规避空间碎片的人工势场

始终以既定转移轨道为参考线，调整各势场作用区域，构造连续可微的势场函数，避免过早轨迹偏离以及局部振荡现象，实现航天器在综合势场驱使下对空间碎片的自主规避。

（1）空间人工势场法

由 Khatib 提出并被称为人工势场法[247]的一种虚拟力场法，是运用空间势场力来研究物体所处的相对运动，并通过不断变化的位置势场来控制物体的规避运动，其势场变化及路径规划效果如图 4-7 所示。人工势场法基本思路是：通过目标位置的引力势场和障碍物的斥力势场共同作用，搜索出一条无碰撞的最优路径。人工势场法相较于其他规避方法，具有数学描述简单、运算量小、实用性高以及路径平滑的比较优势。

将航天器规避机动过程通过人工势场进行表示。在人工势场中，目标轨位将对航天器产生引力势场，空间碎片对航天器产生斥力势场，其受力情况如图 4-8 所示。引力势场与斥力势场的合力场将决定航天器的机动方向和机动速率。

于是，航天器在任意空间位置的综合势场可表述为[247]

$$U(\boldsymbol{x}) = U_{\text{att}}(\boldsymbol{x}) + U_{\text{rep}}(\boldsymbol{x}) \tag{4-45}$$

式中，$\boldsymbol{x}$ 为航天器当前位置状态矢量；$U(\boldsymbol{x})$ 为航天器在空间所受的综合势场；$U_{\text{att}}(\boldsymbol{x})$ 为目标轨位对航天器的引力势场；$U_{\text{rep}}(\boldsymbol{x})$ 为空间碎片对航天器产生的斥力势场。

如图 4-9 所示，航天器轨道转移的目标轨位对航天器产生的引力势场大小与两者之间的距离大小相关，两者间的距离越大，势能则越大，反之则越小。因此，引力势场与两者之间的距离成正比，

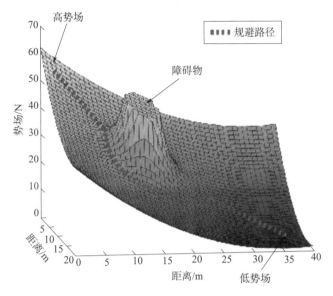

图 4 - 7　人工势场规避路径示意图（见彩插）

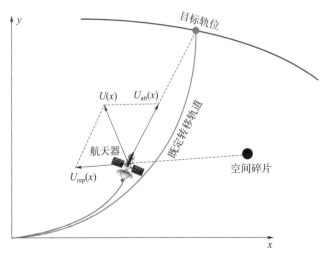

图 4 - 8　航天器在人工势场中的受力示意图

引力势场可表述为

$$\boldsymbol{U}_{\mathrm{att}}(\boldsymbol{x}) = \frac{1}{2} k_{\mathrm{att}} d^2(\boldsymbol{x}, \boldsymbol{x}_g) \qquad (4-46)$$

式中，k_{att} 为引力势场增益系数；$\boldsymbol{x}$ 为航天器的当前空间位置矢量；$\boldsymbol{x}_g$ 为目标轨位的空间位置矢量；$d^2(\cdot)$ 为欧氏距离计算函数。

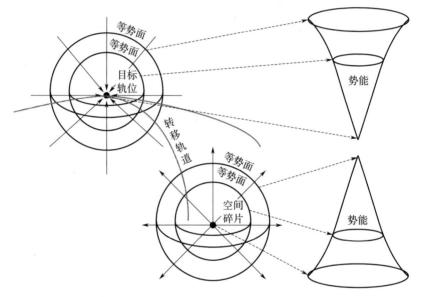

图 4-9　航天器轨道规避中的人工引力势场与斥力势场

由该引力势场对航天器所产生的引力，为引力势能的负梯度

$$F_{\mathrm{att}}(\boldsymbol{x}) = -\nabla \boldsymbol{U}_{\mathrm{att}}(\boldsymbol{x}) = -k_{\mathrm{att}} d^2(\boldsymbol{x}, \boldsymbol{x}_g) \qquad (4-47)$$

与此同时，空间碎片将对航天器产生斥力势场。斥力势场的大小由航天器与空间碎片之间的空间距离确定，两者之间的距离越小，斥力势场越大，反之越小。由此，斥力势场可表述为

$$\boldsymbol{U}_{\mathrm{rep}}(\boldsymbol{x}) = \begin{cases} \dfrac{1}{2} k_{\mathrm{rep}} \left(\dfrac{1}{d(\boldsymbol{x}, \boldsymbol{x}_o)} - \dfrac{1}{d_n} \right) & d(\boldsymbol{x}, \boldsymbol{x}_o) \leqslant d_n \\ 0 & d(\boldsymbol{x}, \boldsymbol{x}_o) > d_n \end{cases} \qquad (4-48)$$

式中，k_{rep} 为斥力势场增益系数；$\boldsymbol{x}_o$ 为空间碎片当前位置矢量；d_n 为

无斥力区域范围。

由斥力势场所产生的斥力为斥力势能的负梯度：

$$F_{rep}(\boldsymbol{x}) = -\nabla U_{rep}(\boldsymbol{x})$$

$$= \begin{cases} k_{rep}\left(\dfrac{1}{d(\boldsymbol{x},\boldsymbol{x}_o)} - \dfrac{1}{d_n}\right)\dfrac{1}{d^2(\boldsymbol{x},\boldsymbol{x}_o)}\dfrac{\partial d(\boldsymbol{x},\boldsymbol{x}_o)}{\partial x} & d(\boldsymbol{x},\boldsymbol{x}_o) \leqslant d_n \\ 0 & d(\boldsymbol{x},\boldsymbol{x}_o) > d_n \end{cases}$$

$$(4-49)$$

人工势场法能够很好地将空间规避行为用数学表达式进行描述，为规避路径规划方法提供了具体化的、有效的解决方案，具有显著优点：

1）实时规避性。相较于其他路径规划方法，人工势场法具有很好的实时规避性能，能够将路径规划建模的重心聚焦于航天器飞行方向以及空间碎片，只需要较少的运算就能达到较好的实时规避效果。

2）路径平滑。航天器在规避空间碎片过程中，人工势场法能够随着周围太空环境采集航天器与空间碎片的状态信息，并在双方之间的斥力势场与引力势场中体现。人工势场法在路径规划中，只需根据当前位置结合综合势场即可获得平滑而安全的路径，无须像别的算法那样还要进行路径平滑、避障检测等操作，应用优势明显。

然而金无足赤，传统人工势场法在大量现实应用中也暴露了自身结构性的缺陷，即存在局部最优解。所谓局部最优解，是指引力势场与斥力势场等效反向作用，致使航天器原地驻留或者来回振荡，无法继续向目标轨位行进。局部最优解主要有两方面的体现：

1）目标不可达。航天器在规避空间碎片的过程中，如果此刻空间碎片位于目标轨位附近，当航天器离目标轨位以及空间碎片都较远时，受到的引力势场较大，而斥力势场较小，斥力势场小于引力势场，这时航天器将在合力势场作用下向着目标轨位行进；然而，航天器距目标轨位和空间碎片越来越近，所受引力势场越来越小，斥力势场越来越大，当引力势场与斥力势场等大反向时，这将可能致使航天器在当前位置振荡或驻留，无法到达目标轨位，其情况如

图 4 - 10 所示。

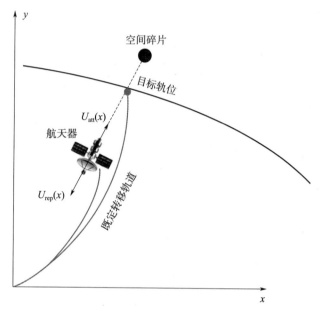

图 4 - 10　目标不可达现象示意图

2）局部极小陷阱。当航天器临近空间碎片时，如果目标轨位正好在空间碎片另一端，此时航天器所受到的引力势场与斥力势场之间角度为180°且大小相等，航天器将停留在此处合力为零的点，即局部极小陷阱，最终无法成功到达目标轨位，其情况如图 4 - 11 所示。

本书将局部极小陷阱分为两类：

a）局部极小值问题。第一类局部极小陷阱是势场遇到局部极小值[①]问题，处于该陷阱时任意方向均为极小值，其综合势场呈凹状。局部极小值可根据定理4.1进行判定。

定理 4.1[248]　设 $U(x)$ 为 $R^n \rightarrow R$ 的一个二阶连续可微函数，

---

① 局部极小值：若存在一个 $\varepsilon > 0$，使得对于任意满足 $|x - x^*| \leqslant \varepsilon$ 的 x 都有 $f(x^*) \leqslant f(x)$，就把点 x^* 对应的函数值 $f(x^*)$ 称为函数 f 的一个局部极小值。

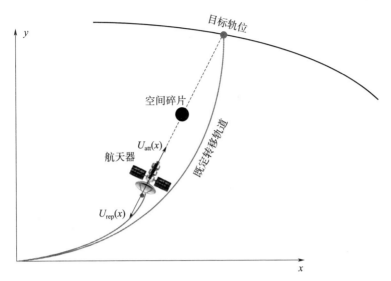

图 4 - 11 局部极小陷阱示意图

$g \in \mathbf{R}^n$ 是 $U(\boldsymbol{x})$ 的驻点。若在 g 处的 Hessian 矩阵正定，则 g 为局部极小值点；反之 g 则不一定为极值。

b) 鞍点问题。第二类局部极小陷阱是鞍点①问题，即在某个或某些方向上的综合势场均为局部最小值。当航天器沿着这些局部最小值的方向机动时，可能因为势场不足而在鞍点附近徘徊，无法继续行进。

设以角度 $\varphi \in [0, 2\pi)$ 为参数的方向矢量为

$$\boldsymbol{L} = \boldsymbol{l}_x \cos\varphi + \boldsymbol{l}_y \sin\varphi \qquad (4-50)$$

式中，$\boldsymbol{l}_x$ 与 $\boldsymbol{l}_y$ 为运动方向的单位矢量。

求解矢量 $\boldsymbol{l}_x$ 与矢量 $\boldsymbol{l}_y$ 的一阶和二阶偏导数并满足式（4-51）的所有空间位置以及对应的角度参数 φ，即可得到第二类陷阱中的鞍点位置及方向

---

① 鞍点（Saddle point）：在微分方程中，沿着某一方向是稳定的，另一方向是不稳定的奇点，叫作鞍点。

$$\begin{cases} \dfrac{\mathrm{d}}{\mathrm{d}\boldsymbol{L}}\boldsymbol{U} = 0 \\ \dfrac{\mathrm{d}^2}{\mathrm{d}^2\boldsymbol{L}}\boldsymbol{U} > 0 \end{cases} \qquad (4-51)$$

（2）综合势场改进模型

人工势场法通常是将终点作为引力源，障碍作为斥力源，引力势场与斥力势场在空间合成综合势场，驱使运动体沿着势场减弱方向在规避障碍的同时到达终点[249]。

在航天器规避机动的运用中，应避免规划路径直奔终点，需尽可能地沿着既定转移轨道方向继续行进。在距空间碎片较远时应该弱化斥力势场，以免出现过早轨迹偏离现象。同时，在抵近空间碎片时应弱化引力势场，以免出现局部振荡现象。如图 4 - 12 所示，本书构建了以参考线牵引、远距点斥力忽略、障碍点引力减弱的综合势场模型

$$\boldsymbol{U}(\boldsymbol{x}, \Delta s) = k_{\text{refer}}\boldsymbol{U}_{\text{refer}}(\Delta s) + k_{\text{att}}\boldsymbol{U}_{\text{att}}(\boldsymbol{x}) + k_{\text{rep}}\boldsymbol{U}_{\text{rep}}(\boldsymbol{x}) \quad (4-52)$$

式中，$\boldsymbol{U}(\boldsymbol{x}, \Delta s)$ 为当前位置 $\boldsymbol{x}$ 航天器所受的综合势场；$\boldsymbol{U}_{\text{refer}}(\Delta s)$ 为参考线势场；k_{refer} 为参考线势场系数；$\boldsymbol{U}_{\text{att}}(\boldsymbol{x})$ 为引力势场；k_{att} 为引力势场系数；$\boldsymbol{U}_{\text{rep}}(\boldsymbol{x})$ 为斥力势场；k_{rep} 为斥力势场系数。

（3）参考线势场模型

为满足航天器需沿参考线方向行进的需求，本书提出将目标点势场使用参考线势场进行替代的方法，使航天器在规避空间碎片途中紧跟参考线。参考线势场将约束规避轨道方向，且确保朝目标轨位飞行，即前方势场值要低于后方势场值，该势场采用一个类高斯函数[250]描述如下

$$\boldsymbol{U}_{\text{refer}}(\Delta s) = (s_{\text{total}} - \Delta s)\exp\left(1 + \dfrac{\Delta d^2}{2\delta^2}\right)\boldsymbol{s} \qquad (4-53)$$

式中，s_{total} 为整个转移轨道航程；Δs 为起始点 x_{st} 至当前位置 x 的航程；Δd 为沿法向偏离参考线的距离；δ 为法向收敛系数[250]。

（4）引力势场模型

为顺利规避空间碎片并避免局部振荡现象，对引力势场函数进

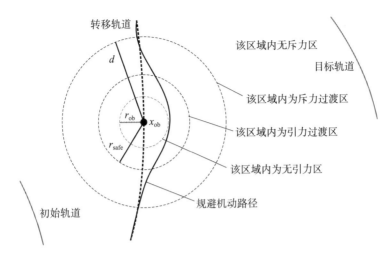

图 4 - 12　航天器规避机动人工势场示意（见彩插）

行了改进，在空间碎片附近设置弱化引力势场的环形区域[248]

$$\boldsymbol{U}_{\mathrm{att}}(\boldsymbol{x}) = -\eta\left(1 - \frac{\|\boldsymbol{x} - \boldsymbol{x}_{\mathrm{goal}}\|}{\|\boldsymbol{x}_{\mathrm{ob}} - \boldsymbol{x}_{\mathrm{goal}}\|}\right)^n,$$

$$\eta = \begin{cases} 0, & \|\boldsymbol{x} - \boldsymbol{x}_{\mathrm{ob}}\| < r_{\mathrm{ob}} \\ \dfrac{1}{2}\left[\sin\left(\dfrac{\|\boldsymbol{x} - \boldsymbol{x}_{\mathrm{ob}} - r_{\mathrm{ob}}\|}{r_{\mathrm{safe}} - r_{\mathrm{ob}}} \cdot \pi - \dfrac{\pi}{2}\right) + 1\right], & r_{\mathrm{ob}} \leqslant \|\boldsymbol{x} - \boldsymbol{x}_{\mathrm{ob}}\| < r_{\mathrm{safe}} \\ 1, & \text{其他} \end{cases}$$

$$(4-54)$$

式中，η 为与空间碎片距离相关的吸引场系数；$\boldsymbol{x}_{\mathrm{ob}}$ 为空间碎片当前位置矢量；$\boldsymbol{x}_{\mathrm{goal}}$ 为转移轨道与目标轨位交点位置矢量；n 为正整数；r_{ob} 为空间碎片的威胁范围；r_{safe} 为引力衰减区范围；$\|\cdot\|$ 为 2 - 范数。

（5）斥力势场模型

为紧跟转移轨道避免过早轨迹偏离，采用势场平滑过渡策略对斥力势场函数进行改进

$$\boldsymbol{U}_{\mathrm{rep}}(\boldsymbol{x}) = -\lambda\left(\frac{r_{\mathrm{ob}}}{\|\boldsymbol{x} - \boldsymbol{x}_{\mathrm{ob}}\|}\right)^q,$$

$$\lambda = \begin{cases} 1, \|\boldsymbol{x} - \boldsymbol{x}_{ob}\| < r_{safe} \\ \dfrac{1}{2}\left[\cos\left(\dfrac{\|\boldsymbol{x} - \boldsymbol{x}_{ob}\| - r_{safe}}{d - r_{safe}} \cdot \pi \right) + 1 \right], r_{safe} \leqslant \|\boldsymbol{x} - \boldsymbol{x}_{ob}\| < d \\ 0, \|\boldsymbol{x} - \boldsymbol{x}_{ob}\| \geqslant d \end{cases}$$

$$(4-55)$$

式中，λ 为斥力势场系数；q 为正整数；d 为斥力过渡区作用范围。

（6）连续可微证明

通常，对人工势场模型进行负梯度求解可得到势场力，但要求综合势场模型是连续可微的。然而，本章所构建势场模型的系数均由航天器相对位置所确定，特别是引力势场模型和斥力势场模型系数都是与相对位置相关的分段函数。为了检验通过所构建的势场模型可以得到连续的势场力，本节对各分段函数的连续可微性给予了证明。

对于引力势场函数 $\boldsymbol{U}_{att}(\boldsymbol{x})$，其连续可微性主要看式（4-54）中的分段函数 η

$$\eta = \begin{cases} 0, \|\boldsymbol{x} - \boldsymbol{x}_{ob}\| < r_{ob} \\ \dfrac{1}{2}\left[\sin\left(\dfrac{\|\boldsymbol{x} - \boldsymbol{x}_{ob}\| - r_{ob}}{r_{safe} - r_{ob}} \cdot \pi - \dfrac{\pi}{2} \right) + 1 \right], r_{ob} \leqslant \|\boldsymbol{x} - \boldsymbol{x}_{ob}\| < r_{safe} \\ 1, 其他 \end{cases}$$

$$(4-56)$$

令 $x = \|\boldsymbol{x} - \boldsymbol{x}_{ob}\| - r_{ob}$ ，则

$$\lim_{\Delta x \to 0} \frac{\eta(x+\Delta x) - \eta(\boldsymbol{x})}{\Delta x}$$

$$= \lim_{\Delta x \to 0} \frac{\dfrac{1}{2}\left[\sin\left(\dfrac{x+\Delta x}{r_{\mathrm{safe}}-r_{\mathrm{ob}}}\cdot\pi-\dfrac{\pi}{2}\right)+1\right] - \dfrac{1}{2}\left[\sin\left(\dfrac{x}{r_{\mathrm{safe}}-r_{\mathrm{ob}}}\cdot\pi-\dfrac{\pi}{2}\right)+1\right]}{\Delta x}$$

$$= \lim_{\Delta x \to 0} \frac{\dfrac{1}{2}\sin\left(\dfrac{x+\Delta x}{r_{\mathrm{safe}}-r_{\mathrm{ob}}}\cdot\pi-\dfrac{\pi}{2}\right) - \dfrac{1}{2}\sin\left(\dfrac{x}{r_{\mathrm{safe}}-r_{\mathrm{ob}}}\cdot\pi-\dfrac{\pi}{2}\right)}{\Delta x}$$

$$= \lim_{\Delta x \to 0} \frac{\dfrac{1}{2}\left[\sin\left(\dfrac{x}{r_{\mathrm{safe}}-r_{\mathrm{ob}}}\cdot\pi-\dfrac{\pi}{2}\right)\cos\left(\dfrac{\Delta x}{r_{\mathrm{safe}}-r_{\mathrm{ob}}}\cdot\pi\right) + \cos\left(\dfrac{x}{r_{\mathrm{safe}}-r_{\mathrm{ob}}}\cdot\pi-\dfrac{\pi}{2}\right)\sin\left(\dfrac{\Delta x}{r_{\mathrm{safe}}-r_{\mathrm{ob}}}\cdot\pi\right)\right] - \dfrac{1}{2}\sin\left(\dfrac{x}{r_{\mathrm{safe}}-r_{\mathrm{ob}}}\cdot\pi-\dfrac{\pi}{2}\right)}{\Delta x}$$

$$= \lim_{\Delta x \to 0} \frac{\dfrac{1}{2}\sin\left(\dfrac{x}{r_{\mathrm{safe}}-r_{\mathrm{ob}}}\cdot\pi-\dfrac{\pi}{2}\right)\cos\left(\dfrac{\Delta x}{r_{\mathrm{safe}}-r_{\mathrm{ob}}}\cdot\pi\right) + \dfrac{1}{2}\cos\left(\dfrac{x}{r_{\mathrm{safe}}-r_{\mathrm{ob}}}\cdot\pi-\dfrac{\pi}{2}\right)\sin\left(\dfrac{\Delta x}{r_{\mathrm{safe}}-r_{\mathrm{ob}}}\cdot\pi\right) - \dfrac{1}{2}\sin\left(\dfrac{x}{r_{\mathrm{safe}}-r_{\mathrm{ob}}}\cdot\pi-\dfrac{\pi}{2}\right)}{\Delta x}$$

$$= \frac{1}{2}\,\frac{\pi}{r_{\mathrm{safe}}-r_{\mathrm{ob}}}\cos\left(\frac{x}{r_{\mathrm{safe}}-r_{\mathrm{ob}}}\cdot\pi-\frac{\pi}{2}\right)$$

$$= \eta'(x) \tag{4-57}$$

再令 $y = \|\boldsymbol{x} - \boldsymbol{x}_{\mathrm{ob}}\| - r_{\mathrm{safe}}$，则有

$$\lim_{\Delta y \to 0} \frac{\eta(y + r_{safe} + \Delta y) - \eta(y + r_{safe})}{\Delta y}$$

$$= \lim_{\Delta y \to 0} \frac{\frac{1}{2}\left[\sin\left(\dfrac{y + r_{safe} + \Delta y}{r_{safe} - r_{ob}} \cdot \pi - \dfrac{\pi}{2}\right) + 1\right] - \frac{1}{2}\left[\sin\left(\dfrac{y + r_{safe}}{r_{safe} - r_{ob}} \cdot \pi - \dfrac{\pi}{2}\right) + 1\right]}{\Delta y}$$

$$= \lim_{\Delta y \to 0} \frac{\frac{1}{2}\sin\left(\dfrac{y + r_{safe} + \Delta y}{r_{safe} - r_{ob}} \cdot \pi - \dfrac{\pi}{2}\right) - \frac{1}{2}\sin\left(\dfrac{y + r_{safe}}{r_{safe} - r_{ob}} \cdot \pi - \dfrac{\pi}{2}\right)}{\Delta y}$$

$$= \lim_{\Delta y \to 0} \frac{\frac{1}{2}\left[\sin\left(\dfrac{y + r_{safe}}{r_{safe} - r_{ob}} \cdot \pi - \dfrac{\pi}{2}\right)\cos\left(\dfrac{\Delta y}{r_{safe} - r_{ob}} \cdot \pi\right) + \cos\left(\dfrac{y + r_{safe}}{r_{safe} - r_{ob}} \cdot \pi - \dfrac{\pi}{2}\right)\sin\left(\dfrac{\Delta y}{r_{safe} - r_{ob}} \cdot \pi\right)\right] - \frac{1}{2}\sin\left(\dfrac{y + r_{safe}}{r_{safe} - r_{ob}} \cdot \pi - \dfrac{\pi}{2}\right)}{\Delta y}$$

$$= \lim_{\Delta y \to 0} \frac{1}{2\Delta y}\sin\left(\frac{y + r_{safe}}{r_{safe} - r_{ob}} \cdot \pi - \frac{\pi}{2}\right)$$

$$= \lim_{\Delta y \to 0} \frac{1}{2}\cos\left(\frac{y + r_{safe}}{r_{safe} - r_{ob}} \cdot \pi - \frac{\pi}{2}\right)\cos\left(\frac{\Delta y}{r_{safe} - r_{ob}} \cdot \pi\right)\frac{\pi}{r_{safe} - r_{ob}} - $$

$$\frac{1}{2}\sin\left(\frac{y + r_{safe}}{r_{safe} - r_{ob}} \cdot \pi - \frac{\pi}{2}\right)\sin\left(\frac{\Delta y}{r_{safe} - r_{ob}} \cdot \pi\right)\frac{\pi}{r_{safe} - r_{ob}}$$

$$= \frac{1}{2}\frac{\pi}{r_{safe} - r_{ob}}\cos\left(\frac{y + r_{safe}}{r_{safe} - r_{ob}} \cdot \pi - \frac{\pi}{2}\right)$$

$$= \eta'(y + r_{safe})$$

$$(4 - 58)$$

由此，证明分段函数 η 是连续可微的，从而可知引力势场模型 $U_{att}(\boldsymbol{x})$ 亦是连续可微的。同理，可证明斥力势场模型 $U_{rep}(\boldsymbol{x})$ 的连续可微性。

4.3.2　规避空间碎片的路径规划

运用综合势场的法向投影，借鉴 Jerk 描述，获得以最小横向偏移避让空间碎片的规避路径。

为使航天器沿参考线方向保持既定轨道转移速度，只考虑综合势场在法向 d 的投影，以产生横向偏移实现对空间碎片的自主规避

$$U_d \boldsymbol{d} = \boldsymbol{U} - U_r \boldsymbol{r} \qquad (4-59)$$

式中，$\boldsymbol{r}$ 为参考线切向矢量；U_r 为综合势场切向分量值；$\boldsymbol{d}$ 为参考线法向矢量；U_d 为综合势场法向分量值。

为确保综合势场法向分量驱使下的规避路径是平稳且平滑的，本书借鉴文献 239 以 Jerk 函数描述加速度的变化率。构建横向加速度变化率 $\dddot{d}(\tau)$ 分别与综合势场法向分量以及与 Jerk 描述的关系模型

$$U_d(t) = \omega \int_{t_0}^{t_1} \dddot{d}(\tau)\,\mathrm{d}\tau \qquad (4-60)$$

$$J_t(d(t)) = \int_{t_0}^{t_1} \dddot{d}(\tau)^2\,\mathrm{d}\tau \qquad (4-61)$$

式中，ω 为综合势场法向分量的效率系数；$J_t(d(t))$ 为横向位移的 Jerk 描述；$d(t)$ 为横向偏移量。

根据文献 99、252 知，路径规划的任务是找出能够使得 $J_t(d(t))$ 最小的横向偏移，任何 Jerk 最优化问题的解都可用形如式（4-25）的 5 次多项式进行表述。据此，可获得横向偏移 $\Delta d = d(t)$、横向速度 $\dot{d}(t)$ 和横向加速度 $\ddot{d}(t)$ 的多项式表示

$$\begin{cases} d(t) = \alpha_0 + \alpha_1 t + \alpha_2 t^2 + \alpha_3 t^3 + \alpha_4 t^4 + \alpha_5 t^5 \\ \dot{d}(t) = \alpha_1 + 2\alpha_2 t + 3\alpha_3 t^2 + 4\alpha_4 t^3 + 5\alpha_5 t^4 \\ \ddot{d}(t) = 2\alpha_2 + 6\alpha_3 t + 12\alpha_4 t^2 + 20\alpha_5 t^3 \end{cases} \qquad (4-62)$$

式中，α_0，α_1，α_2，α_3，α_4，α_5 为多项式系数，分别令 $t_0 = 0$ 以及 $\Delta t = t_1 - t_0$，代入式（4-62）即可计算获得其数值。

此外，横向加速度在促使航天器产生横向偏移的同时，要受航天器转向机动能力即航向角速率的约束

$$\ddot{d}(t) = \begin{cases} \ddot{d}(t), & \ddot{d}(t)/v(t) \leqslant \dot{\varphi}_{\max} \\ \dot{\varphi}_{\max} v(t), & \ddot{d}(t)/v(t) > \dot{\varphi}_{\max} \end{cases} \qquad (4-63)$$

式中，$v(t)$ 为航天器速度；$\dot{\varphi}_{\max}$ 为航天器转向机动的最大角速率。

令 $\Delta t = t_1 - t_0$ 为航天器制动时间，在 $U_d(\Delta t)$ 驱使下通过式（4-62）计算可得不同制动时间下的横向偏移。通过横向位移沿参考线在时间上累计，便可获得能够规避空间碎片的路径。

4.3.3　规避路径动态优化

航天器在规避空间碎片机动过程中，依据上文所建立的指标模型考虑规避安全、轨道保持、制动时效以及燃料消耗，基于改进人工势场的路径规划方法可得到候选规避轨道路径集合，再利用全局目标函数式（4-36）便可筛选出最优规避路径。全局目标函数 Q 中，各指标项以及加权系数共同决定了航天器轨道规避最优路径的选择，综合指标将决定全局目标函数 Q 侧重于哪一方面的优化。例如，当规避安全项的加权系数占全局优化函数的比重较大时，路径优化将更倾向于选择机动加速度变化率较为稳定的规避路径；而当轨道保持项的加权系数占全局优化函数的比重较大时，将会选择能够尽快恢复至既定转移轨道的规避路径，但这可能会增加航天器规避机动过程中与空间碎片的碰撞风险。

对于考虑了多方因素的航天器轨道临时规避路径规划问题，其动态优化步骤如下所述：

步骤 1：规避需求

根据当前环境因素以及空间碎片状态，获取航天器轨道规避路径的侧重项，即明确全局目标函数 Q 中的各权重系数。

步骤 2：路径求解

为降低方法的运算量，限定航天器轨道规避路径横向偏移范围，航天器规避机动不超出此范围，即将横向偏移量 d 限定在 $[d_{\min}, d_{\max}]$ 区域内。对横向偏移采样生成横向偏移离散序列 $\{d_{10}, \cdots, d_{1i}, \cdots, d_{1m} \mid 1 \leqslant i \leqslant m\}$，然后求解出满足五次多项式（4-62）描述的规避机动参数。再根据式（4-52）至式（4-59）的改进人工势场法在横向偏移范围内计算获得满足规避条件的路径集合。

步骤 3：路径生成

在路径生成过程中，预测时间若过短，则将使对突发情况的应对能力不足；预测时间若过长则可能降低规避路径的可靠性，且浪费运算资源。为此，设定采样时间 ΔT，将 $t_0 \sim t_1$ 时间段的规避路径离散化。利用式（4-60）至式（4-63）根据横向偏移生成规避路径，确定每一条候选规避轨道路径的位置信息和状态信息。最后将 Frenet 坐标系下的候选规避路径转换至笛卡儿坐标系中。

步骤 4：路径筛选

依据最优规避路径评估指标，过滤不符合规避安全、轨道保持、制动限制以及燃料消耗要求的规避路径。

步骤 5：状态更新

航天器按照最优规避路径飞行至下一状态，并更新当前状态信息。全局目标函数则根据轨道规避指标确定是否更新权重系数，否则，继续按照原定目标规划路径。

4.4　航天器轨道临时规避路径规划案例分析

针对航天器轨道临时规避路径规划案例，运用基于改进人工势场的路径生成算法进行仿真计算，以检验方法的有效性。通过将改进的人工势场法与经典人工势场法以及常用的迪杰斯特拉（Dijkstra）、快速扩展随机树（RRT）路径规划算法进行仿真实验，以对比说明算法的应用优势。

4.4.1　案例描述

质量为 2 500kg，最大推力加速度 1.3 m/s² 的在轨航天器 6，依据上文的复合服务模式下在轨目标最优分配策略，沿既定转移轨道向目标 13 机动。轨道机动过程中，在转移轨道平面内临时出现一空间碎片。此时，空间碎片位置 $[33\,854 \quad 5\,146]^{\mathrm{T}}\mathrm{km}$，速度 $[-0.763 \quad 0.763]^{\mathrm{T}}\mathrm{km/s}$。为确保能够继续完成在轨服务行动，航天器根据不同的规避偏好开展轨道临时规避路径规划。在基于 Frenet 和改进人工势场的路径生成算法求解过程中，将模型参数设置为 $k_{\mathrm{refer}}=0.2$，$k_{\mathrm{att}}=0.4$，$k_{\mathrm{rep}}=0.4$，$\delta=0.96$，$\eta=0.4$，$n=1$，$q=1$，$\mu=3.986\times10^5\ \mathrm{km^3/s^2}$，$r_{\mathrm{safe}}=300\ \mathrm{km}$，$d=600\ \mathrm{km}$，$\lambda=0.4$。

4.4.2　模型运算分析

4.4.2.1　仿真效果分析

面对临时出现的空间碎片，为确保航天器安全并能继续完成任务，运用航天器轨道临时规避路径规划方法进行最优路径规划。依据方法流程，用 Frenet 坐标系表述航天器轨道规避运动，运用改进的人工势场方法构建航天器规避空间碎片的人工势场。在空间碎片距离航天器较远时，以引力势场为主，航天器沿既定转移轨道继续行进。如图 4-13 所示，当空间碎片进入斥力过渡区后，航天器便受到越来越强的斥力势场作用，综合势场将促使航天器驶离既定转移轨道（图中黄色曲线）。

随后，受轨道规避复合指标引导，航天器在规避空间碎片的同时兼顾了轨道保持、制动时效以及燃料消耗等因素，如图 4-14 所示，当空间碎片（图中蓝色圆点）与航天器既定转移轨道交会时，航天器（红色三角）能够以一定的偏移量规避相互碰撞的风险。

如图 4-15 所示，航天器从驶离既定转移轨道至成功规避空间碎片再到沿既定转移轨道继续行进，整个过程由航天器综合势场模

型自主引导，最优规避路径由航天器轨道临时规避路径规划方法自
动计算生成，并能够满足航天器主动防御、自主规避的需求。

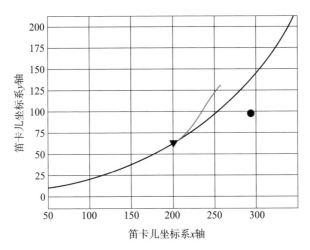

图 4 - 13　航天器驶离既定转移轨道的仿真示意图（见彩插）

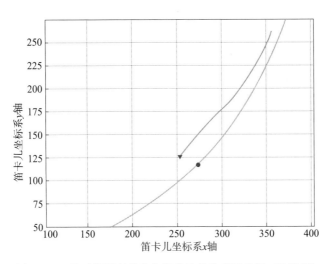

图 4 - 14　航天器顺利规避空间碎片的仿真示意图（见彩插）

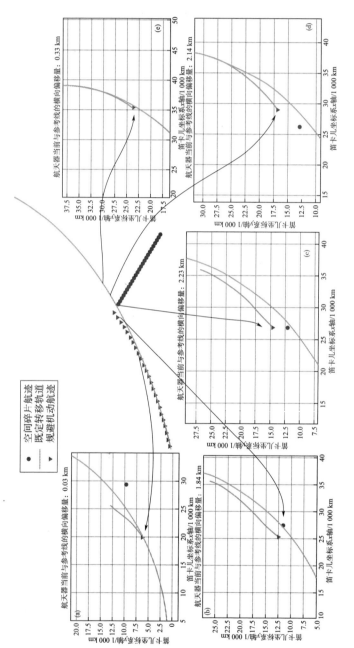

图 4 - 15　航天器规避空间碎片整体仿真效果图（见彩插）

4.4.2.2　参数控制分析

为更好地展现规避安全、燃料消耗、制动时效以及最小偏移不同指标对路径规划的影响，检验方法能够满足不同任务需求与偏好的应用优势，分别对单目标优化参数控制和多目标优化参数控制进行仿真分析。

（1）单目标优化方式

航天器轨道规避中考虑单目标优化，即分别只考虑式（4-36）中的单一指标（如只单独考虑燃料消耗或规避安全等制约性因素），运用航天器轨道临时规避路径规划方法进行仿真计算，获得各指标约束下的横向加速度变化情况，如图 4-16 所示。

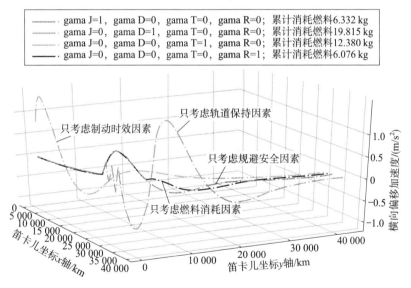

图 4-16　单目标优化方式下的横向偏移加速度（见彩插）

1）只考虑规避安全因素。

当令 $\gamma_J=1$，$\gamma_D=0$，$\gamma_T=0$，$\gamma_R=0$，即只考虑优化 Jerk 函数时，航天器规避机动过程中在距空间碎片较近时其横向偏移加速度出现了一个较大的波动，致使航天器获得较大的横向偏移量躲避空间碎片的碰撞威胁。这一处理方式虽能确保航天器顺利规避空间碎片，但在目标临近时突然采取规避行为，需要航天器具备较大的横向推力。

2）只考虑轨道保持因素。

当 $\gamma_J=0$，$\gamma_D=1$，$\gamma_T=0$，$\gamma_R=0$，即只考虑优化最小横向偏移量时，航天器在规避机动过程中为尽可能继续沿着既定转移轨道行进，需要多次调整横向加速度的方向及大小，致使其横向加速度曲线存在多次较大的波动。这一处理方式虽能使规避路径较好地与既定转移轨道相一致，但其间需要多次横向加速度调整，在消耗较多燃料的同时也增加了航天器与空间碎片相碰撞的风险。

3）只考虑制动时效因素。

当 $\gamma_J=0$，$\gamma_D=0$，$\gamma_T=1$，$\gamma_R=0$，即只考虑优化航天器制动时间时，航天器在获知碎片袭扰危机后便尽快采取规避行为，从而使得横向加速度曲线一开始便出现较大的波动。这一处理方式使得航天器在一开始便进行大推力规避机动，过早偏离航迹且难以恢复，致使航天器进入事先未知的空域，轨道安全难以得到保障。

4）只考虑燃料消耗因素。

当 $\gamma_J=0$，$\gamma_D=0$，$\gamma_T=0$，$\gamma_R=1$，即只考虑优化燃料消耗量时，能实现整个规避机动过程中的横向加速度曲线波动最小。这一处理方式虽能最大限度地节省燃料消耗，但却为航天器轨道机动带来了较大的不确定安全风险。

（2）多目标优化方式

为了更好地满足航天器规避空间碎片的实际需求与偏好，需要综合考虑规避安全、轨道保持、制动时效以及燃料消耗因素，根据式（4-36）采取多目标优化方式，即可在一定的优化权重组合下获得相应的最优规避机动路径。运用航天器轨道临时规避路径规划方法进行仿真计算，获得多指标约束下的横向加速度变化情况，如图 4-17 中曲线所示。

综合考虑各指标因素，对于式（4-36）例如依照 $\gamma_J=0.2$，

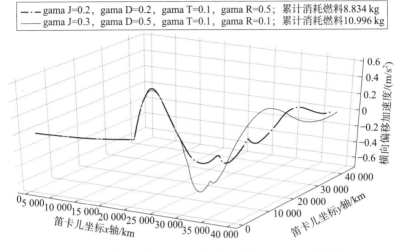

图 4 - 17　多目标优化方式下的横向偏移加速度（见彩插）

$\gamma_D = 0.2$，$\gamma_T = 0.1$，$\gamma_R = 0.5$ 或 $\gamma_J = 0.3$，$\gamma_D = 0.5$，$\gamma_T = 0.1$，$\gamma_R = 0.1$ 对各指标权重赋值，将使得航天器横向偏移加速度曲线波动更少、峰值更小，使得整个规避路径在顺利规避空间碎片的同时更能兼顾燃料消耗、最小偏移以及制动时效等因素，能够更好地满足不同实际性需求。

4.4.3　算法对比

航天器轨道临时规避路径规划不仅要成功避开空间碎片，兼顾沿转移轨道飞行的绝对运动和规避空间目标的相对运动，还要满足不同规避需求与偏好，致使适合的路径生成算法尤为重要。与常用的路径规划算法进行适用性和运算量对比分析，有助于明晰算法的优势及适用范围。

（1）算法适用性对比

航天器轨道临时规避路径规划，可以认为是参照某一指标（如代价最小、路程最短和运算耗时最低等）在可机动区域制定一条从起始轨位连接至目标轨位的最优或次优规避路径，其实质是在一定的规避偏好下得到最优或可行解。不同规避需求与偏好下的轨道临时规避路径规划问题，往往可通过加权等方式转换为单目标问题，然后借助数学规划的方法来进行求解。然而，不同规避需求与偏好下轨道临时规避路径规划问题的目标函数和约束空间可能是非线性或不可微的，即随着问题模型的增大，求解也随之复杂，运算量也将呈指数增长，将影响算法的求解效率。对于不同规避需求与偏好下轨道临时规避路径规划问题，启发式算法和智能算法提供了一种效率较高的求解途径。表 4 - 1 选取两种常用算法进行了适用性对比分析。

表 4 - 1　不同规避路径算法的适用性对比

算法名称	特点	优势	适用性分析
Dijkstra 算法	1) 一个顶点到其余各顶点的单源路径算法 2) 由中心向外层层扩展，发散性较好	1) 算法十分简洁，能够有效获得最优解 2) 参数少，前期收敛速度较快	路径搜索效率随数据节点的增加而降低，搜索模式固定，不易于添加多偏好约束条件
RRT 算法	1) 基于采样的搜索算法，适用于求解高维空间问题 2) 搜索过程类似树枝不断生长、向四周扩散的过程	1) 参数少，结构简单，搜索能力强 2) 易于添加非完整约束条件，在复杂环境中具有灵活的搜索能力	节点利用率低，路径不稳定，路径生成过程难以兼顾与既定转移轨道的最小偏移
基于改进人工势场的路径生成算法	1) 不依赖于图形表示的空间规划方法 2) 一种虚拟力场法，由引力与斥力产生的合力实现障碍规避	1) 规划速度快，实时规避性强，路径平滑 2) 结构简单，计算量小，方便于底层的实时控制	引力势场可以参考既定转移轨道，综合势场能够考虑不同规避需求与偏好，易于获得不同需求与偏好下的规避路径

迪杰斯特拉（Dijkstra）算法以起始点为中心向外层层扩展，直到扩展到终点，是典型的单源最短路径算法，主要用于计算一个节点到其他所有节点的最短路径问题。由于受这种由中心向外层层扩展搜索方式的限制，路径搜索效率随数据节点的增加而降低，相对固定的搜索模式不易于添加多偏好约束条件，难以直接解决不同规

避需求与偏好下的轨道临时规避路径规划问题。

快速扩展随机树（RRT）算法是一种基于采样的搜索算法，以树根节点为起点向四周扩散，每当某一叶子节点触及目标，则将该路径作为可行路径进行返回。RRT 算法通过对状态空间中的采样点进行碰撞检测，避免了对空间的建模，能够有效地解决高维空间和复杂约束的路径规划问题。然而，RRT 算法对节点利用率较低，对于航天器轨道规避这样的大空间采取随机采样的方式，其规划出的路径随机性较大，最优路径获取不稳定。RRT 算法向四周均匀采样的搜索方式，难以从临时规划要尽可能延续原定方案的角度生成规避路径，生成的规避路径难以兼顾沿转移轨道飞行的绝对运动和规避空间碎片的相对运动。

基于改进人工势场的路径生成算法，以参考线牵引、远距点斥力忽略、障碍点引力减弱的思想构建综合势场，通过搜索势函数下降方向来获得最优规避路径。这一过程中，将目标点势场使用参考线势场进行替代，使航天器在规避空间碎片途中紧跟既定转移轨道，较好地兼顾了沿转移轨道飞行的绝对运动；综合势场能够结合规避安全、燃料消耗、最小偏移以及制动时效等不同指标，更易于获得不同需求与偏好下的最优规避路径。

（2）算法运算量对比

为了说明基于改进人工势场的路径生成算法的比较优势，将其分别与经典人工势场法以及常用的最短路径算法进行仿真对比。由于常用的规避算法如 Dijkstra 和 RRT 等不能同时兼顾规避安全、燃料消耗、最小偏移以及制动时效等指标，难以直接用于解决航天器轨道临时规避路径规划问题。为了有效对比各算法性能，图 4 - 18 单独设计了一屏障规避场景，即需自主规划出从圆点出发顺利绕过两屏障到达叉点的最短路径。在 1.6 GHz、1.8 GHz 双核 CPU、8 GB RAM 计算硬件上，运用相同的 PyCharm 仿真编译环境，分别运用四种算法进行求解。

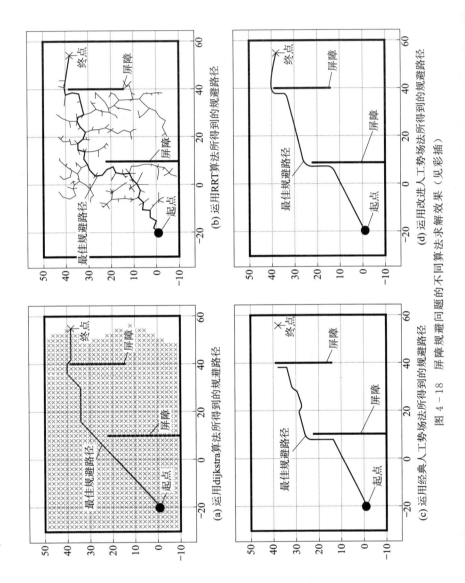

(a) 运用经典人工势场法所得到的规避路径

(b) 运用RRT算法所得到的规避路径

(c) 运用人工势场法所得到的规避路径

(d) 运用改进人工势场法所得到的规避路径

图 4 - 18 屏障规避问题的不同算法求解效果（见彩插）

运用典型广度优先搜索法（Dijkstra 算法[253,254]）可得到图 4 – 18（a）所示规避路径。在 Dijkstra 算法求解过程中，需预先设定搜索区域（图中黑框部分）并采取以起始点为中心向外层层扩展的方式（图中小叉代表已搜索节点），使得搜索过多无关节点，平均耗时 0.48 s，所得路径棱角明显，路径长度 93.3。运用增量式、概率完备且不最优的路径规划算法（RRT 算法[255]）可得到图 4 – 18（b）所示规避路径。RRT 算法采取以初始状态作为根节点、目标节点作为叶子结点的搜索树方式（图中支路为已搜索区域），平均耗时 0.62 s，所得路径曲折，长度 111.4。运用经典人工势场法可得到图 4 – 18（c）所示规避路径。经仿真发现，接近目标过程中路径会出现波动，当引力势场与斥力势场等大反向且受障碍阻断时，会产生局部振荡（图中曲线加粗部分），出现目标不可达现象。运用改进人工势场法，平均耗时 0.29 s 后顺利到达目标位置，所得路径如图 4 – 18（d）所示，路径长度 91.1，平滑效果更好。由此，改进的人工势场法能有效弥补经典人工势场在路径波动、局部振荡以及目标不可达方面的不足，与两种常用路径规划算法相比较，平均耗时缩短 47%，路程节省 11%，且不需要进行路径平滑、避障检测等操作，具有一定的对比优势。

4.5　本章小结

航天器规避空间碎片，需兼顾沿转移轨道飞行的绝对运动和规避空间碎片的相对运动，路径自主规划难度较大且目前国内外公开研究成果较少。针对上述问题，本章介绍了一种将 Frenet 坐标系与改进人工势场相结合的路径生成算法。首先，面对航天器轨道临时规避所呈现的"多限制最短路径"特征，描述了面对空间碎片的轨道临时规避路径规划问题；其次，构建了基于 Frenet 的空间运动坐标系，能够兼顾沿转移轨道飞行的绝对运动和规避空间碎片的相对运动；最后，改进人工势场函数、调整各势场作用区域，构建了以参考线牵引、远距点斥力忽略、障碍点引力减弱的综合势场模型，避免了传统人工势场法存在过早轨迹偏离以及局部振荡现象。案例分析表明，该方法进一步解决了路径规划中航天器与既定转移轨道相对位置不易表述的难题，实现了空间规避运动的简便表示；避免了传统人工势场法存在过早轨迹偏离以及局部振荡现象，实现了对空间碎片的自主规避；能够同时考虑规避安全、燃料消耗、最小偏移以及制动时效因素，满足不同的规避需求与偏好。算法对比表明，本书算法与其他常用算法相比较，平均耗时缩短 47%、路程节省 11%，进一步改善了常规方法难以同时满足不同规避偏好以及轨道兼顾性较弱的不足。

第 5 章　航天器轨道博弈策略实时规划研究

航天器对非合作目标的在轨服务，是最优控制与动态博弈的深度融合，可描述成一种动态博弈问题[165]，是在仅知自身状态和对方当前有限状态、未知对方未来行为策略的条件下，采取最优行为的一个轨道博弈过程。与传统的空间行动规划相比，航天器轨道博弈需要考虑博弈双方的控制，其问题维数增加了 1 倍，同时还要考虑双方行为，连续动态交互特征明显，致使策略规划面临一种双边控制的连续动态交互问题[166]。

5.1　轨道博弈问题描述与建模

站在博弈论的视角，运用参与者、行为、信息、策略和均衡等博弈基本元素，描述航天器与非合作目标的轨道博弈问题；建立轨道博弈动力学模型，定义轨道博弈纳什均衡及策略组合，考虑距离、时间因素构建策略规划的目标函数。

5.1.1　问题描述

空间服务目标若是非合作目标，航天器在接近目标时将可能面临目标的非合作行为，从而发展为在轨航天器间的轨道博弈问题[257]。航天器间的轨道博弈问题在某种程度上体现了航天器间的交互行为，采用考虑双方策略选择的零和博弈理论来描述此类航天器间的轨道博弈过程是十分恰当的[127,173]。零和博弈理论能够分析双方不同策略选择对最终结果的影响，可为航天器提供有效的追逐策略，将其运用于航天器间的轨道博弈问题可以更为恰当地解决航天器应对非合作目标的策略选择问题。

利用零和博弈理论处理航天器间的轨道博弈问题，首先需要从航天器的视角来重新定义博弈论中参与者、行为、信息、理性、支付以及均衡等要素：

1）轨道博弈中的参与者：参与者也被称为局中人，是非合作对策局势中的博弈双方，即轨道博弈中能够独立决策、快速机动的航天器与空间目标。参与者是轨道博弈中的决策主体，各自追求效用或收益的最大化。在航天器轨道博弈中，称由航天器与空间目标所组成的博弈为二人博弈。

2）轨道博弈中的行为：行为是参与者在轨道博弈中某一时间点的决策变量。对于每一参与者，不同时刻都有多种可能的行为供选择，不同行为选择将导致博弈的不同结果。

3）轨道博弈中的信息：信息是指轨道博弈中参与者所具有的有关博弈的所有知识，如有关目标类型、轨位、状态以及轨道参数等信息。根据所能掌握信息的充分情况，信息可分为完全信息和不完全信息，这对于博弈结果将产生重要影响。

4）轨道博弈中的理性：在航天器轨道博弈中，需假定参与者双方均是理性[①]的，都会在一定的约束条件下选取行为使得各自利益最大化，即在面对两个不能并存的行为选择时，各参与者均会选择能够使目标函数最优（最大或最小）的行为。

5）轨道博弈中的策略：策略可以理解为参与者的一个相机行动计划（Contingent action plan）[258]，是行为的规则，为行为规定时机，规定参与者在什么情况下该如何行动。航天器轨道博弈规划的目的就是获得最佳策略以应对非合作目标的在轨服务问题。

6）轨道博弈中的支付：支付是每个参与者在选定策略下得到的回报。在航天器轨道博弈中，支付不仅依赖于航天器选择的策略，也依赖于空间目标的行为策略，规划的目的则是通过策略组合的选

_____

① 在博弈论中，"理性"的定义与哲学上以及其他社会科学上的定义有所不同，本书主要以冯·诺依曼（John Von Neumann）和摩根斯特恩（Oskay Morgenstern）在博弈论中对理性的定义为参考。

定实现组合支付的最大化。

7）轨道博弈中的均衡：均衡是一个由航天器与空间目标各自最优策略所构成的策略组合，是双方博弈的一种稳定状态，在这一状态下双方都不再愿意单方面改变自己的策略。这一策略组合是特殊的，因为航天器与空间目标都采用这一策略组合中属于各自的策略时，便没有一位能够通过独自改变策略而获得更多回报。

从航天器视角看待的轨道博弈问题[260]，是在仅知自身状态和空间目标当前有限状态、未知空间目标未来行为策略的条件下，采取最优行为并最终完成空间逼近的一个动态博弈过程。然而，轨道博弈问题中的空间目标，除了在一个连续且动态变化的太空环境中活动外，还具有典型的非合作性，即有信息层面不沟通、机动行为不配合、先验知识不完备等特性。

面对非合作目标，航天器仅知自身情况和目标当前有限状态、未知空间目标未来的行为策略，如何运用不完全的态势信息、有限的知识经验，应对航天器间的轨道博弈，获得当前状态下最合理的行为策略，是任务规划方法所要解决的关键问题。

5.1.2　问题建模

在目标机动的情形下，航天器间轨道博弈过程的运动模型非常复杂，为便于分析问题并突出重点，在对航天器轨道博弈问题进行建模前做如下假设：

1）弱化地球自转对航天器轨道机动的影响，且暂不考虑多体摄动问题。

2）在整个航天器间的轨道博弈过程中，航天器与空间目标均位于近地轨道。

3）在航天器轨道博弈过程中，航天器与空间目标均具备一定的及时指挥与控制和太空态势感知能力，双方均能够及时获知当前时刻和过去时间内的位置和速度信息。

4）在航天器轨道博弈过程中，航天器与空间目标均具备一定的在轨运算能力和动力系统，追逃博弈中双方均采用连续推力，最大单位质量加速度已知。

5）航天器间的轨道博弈属于不完全和不完美信息的博弈对策，博弈双方均不能确切地知道对方的支付函数形式和支付矩阵，即航天器仅知自身状态和空间目标当前有限状态，未知空间目标未来行为及策略。

航天器间的轨道博弈是轨道最优控制与动态博弈的深度融合[261,165,263,169]，是典型的面向不完全信息的序贯决策（Sequential Decision）[①] 过程，其实质是一种双边控制的连续动态交互问题。双方具有相互冲突的行为目标，航天器旨在接近空间目标，而空间目标则改变原来轨道采取非合作行为。与传统的空间交会以及对接问题相比，与非合作目标的轨道博弈需要考虑双边轨道控制以及序贯决策博弈，增加了问题维数，同时还要实时考量双方信息条件，致使博弈对策模型较为复杂。此外，相较于一般的微分对策，其空间动力学模型更为复杂，轨道机动条件限制更大，因而是一类特殊的博弈问题。针对这类双方连续动态冲突问题，可通过微分对策[167,168] 进行数学描述，借助纳什均衡进行求解。

（1）轨道博弈动力学模型

在二体模型中，把中心天体作为参考点，以 P 表示在轨航天器、E 表示空间目标，两者空间位置关系如图 5-1 所示。图中，以同轨道平面内的一参考星作为坐标原点 O，参考星与中心天体连线方向为 x 轴，轨道平面内沿轨道速度方向为 y 轴，z 垂直于转移轨道平面，与 x 轴、y 轴构成右手系。航天器与空间目标相对距离远小于空间目标轨道半径，其动力学模型可描述如下[259]

---

① 序贯决策是指按时间顺序排列起来，以得到按顺序的各种决策（策略），是用于随机性或不确定性动态系统最优化的决策方式。

$$\begin{cases} \ddot{x}_i(t) = 2\dfrac{\mu}{r^3(t)}x_i(t) + 2\omega(t)\dot{y}_i(t) + \dot{\omega}(t)y_i(t) + \omega^2(t)x_i(t) + \dfrac{T_i}{m_i}u_i^x(t) \\[3mm] \ddot{y}_i(t) = -\dfrac{\mu}{r^3(t)}y_i(t) + 2\omega(t)\dot{x}_i(t) + \dot{\omega}(t)x_i(t) + \omega^2(t)y_i(t) + \dfrac{T_i}{m_i}u_i^y(t)_i \\[3mm] \ddot{z}_i(t) = -\omega^2(t)z_i(t) + \dfrac{T_i}{m_i}u_i^z(t) \end{cases}$$

$$(5-1)$$

式中，$x_i(t)$、$y_i(t)$ 与 $z_i(t)$ $(i = \mathrm{P}，\mathrm{E})$ 分别表示航天器与空间目标在 x 轴、y 轴和 z 轴方向的分量；$\dot{x}_i(t)$、$\dot{y}_i(t)$ 与 $\dot{z}_i(t)$ 分别表示坐标分量对时间 t 的一阶导数；$\ddot{x}_i(t)$、$\ddot{y}_i(t)$ 与 $\ddot{z}_i(t)$ 分别表示坐标分量对时间 t 的二阶导数；$r(t)$ 为参考星轨道半径；ω 为参考星角速度；μ 为地球引力常数；T_i 为连续推力；m_i 为质量；u_i^x、u_i^y 和 u_i^z 为三个方向的行为控制量，下标 $i = \mathrm{P}$ 和 $i = \mathrm{E}$ 分别表示航天器和空间目标。

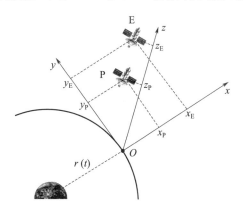

图 5-1　航天器与空间目标的坐标示意

在生存型微分对策[173]中，航天器与空间目标均采取最大推力，双方实际行为控制量为推力方向角，即 $u_\mathrm{P} = [\theta_\mathrm{P}，\delta_\mathrm{P}]$、$u_\mathrm{E} = [\theta_\mathrm{E}，\delta_\mathrm{E}]$。其中，推力与轨道平面间的俯仰角 δ 以及轨道平面内推力角 θ 的空间示意如图 5-2 所示。

此时，轨道博弈动力学模型可表述为

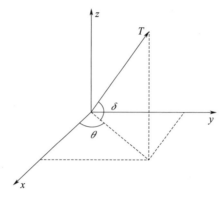

图 5 - 2　行为控制量的方向角示意图

$$\begin{cases} \ddot{x}_i(t) = 2\dfrac{\mu}{r^3(t)}x_i(t) + 2\omega(t)\dot{y}_i(t) + \dot{\omega}(t)y_i(t) + \omega^2(t)x_i(t) + \dfrac{T_i}{m_i}\cos\delta_i\cos\theta_i \\[2mm] \ddot{y}(t) = -\dfrac{\mu}{r^3(t)}y_i(t) + 2\omega(t)\dot{x}_i(t) + \dot{\omega}(t)x_i(t) + \omega^2(t)y_i(t) + \dfrac{T_i}{m_i}\cos\delta_i\sin\theta_i \\[2mm] \ddot{z}_i(t) = -\omega^2(t)z_i(t) + \dfrac{T_i}{m_i}\sin\delta_i \end{cases}$$

$$(5-2)$$

式中，δ_i 为推力与轨道平面间的俯仰角；θ_i 为轨道平面内推力角；下标 $i = P$ 和 $i = E$ 分别表示航天器和空间目标。

（2）轨道博弈策略组合

航天器轨道博弈本质上是动态的，航天器与空间目标相互作用、同时选择行为。该过程中双方均面临行为的序贯决策，其决策过程的一般性标准定义为：

定义 5.1　有 2 个参与者的动态随机博弈可由 $\Gamma = \langle S, u^1, u^2, r^1, r^2, p \rangle$ 表示，其中 S 是状态空间，u^i 是参与者 $i(i = 1, 2)$ 的行为，$r^i: S \times u^1 \times u^2 \to R$ 是参与者 $i(i = 1, 2)$ 的奖励值，$p: S \times u^1 \times u^2 \to \Delta(S)$ 是转移概率，$\Delta(S)$ 是状态空间 S 上的概率分布集合。

对于双边控制的轨道博弈问题，考虑离散时间点 $t = 0, 1$，

2，…，n 的观察过程。在每一时刻，状态用 s_t 表示，并假设 s_t 为集合 S 中的值，即 $s_t \in S$。航天器轨道博弈决策过程分别由航天器与空间目标控制，并称之为参与者 1 和参与者 2。在状态 s，每个参与者独立选择行为 $u^1 \in U^1$、$u^2 \in U^2$ 和接受奖励 $r^1(s, u^1, u^2)$、$r^2(s, u^1, u^2)$。对于所有的，s, u^1, u^2，当 $r^1(s, u^1, u^2) + r^2(s, u^1, u^2) = 0$ 时的动态随机博弈被称为"零和博弈①"；当 $r^1(s, u^1, u^2) + r^2(s, u^1, u^2) \neq 0$ 时，动态随机博弈被称为"一般和数博弈"。

在给定状态 s 下，参与者独立选择行为 u^1、u^2，并接受奖励 $r^i(s, u^1, u^2)$。然后，由该状态根据转移概率转换到下一个状态 s'，并满足约束条件

$$\sum_{s' \in S} p(s' \mid s, u^1, u^2) = 1 \qquad (5-3)$$

航天器轨道博弈中，对于一个给定的初始状态，航天器、空间目标均试图获得对自己最有利的行为策略

$$v^1(s, \pi^1, \pi^2) = \sum_{t=0}^{\infty} \beta^t E(r_t^1 \mid \pi^1, \pi^2, s_0 = s) \qquad (5-4)$$

$$v^2(s, \pi^1, \pi^2) = \sum_{t=0}^{\infty} \beta^t E(r_t^2 \mid \pi^1, \pi^2, s_0 = s) \qquad (5-5)$$

式中，π^i 为参与者 $i(i=1, 2)$ 采取的策略；$\beta \in [0, 1)$ 为折扣系数；s_0 为初始状态；r_t 为在 t 时刻的奖励。

纳什均衡是一种联合策略，这意味着每个参与者的均衡策略均是对其他参与者策略的最佳响应。对于航天器轨道博弈，每个参与者的策略都是在博弈的整个时间范围内定义的。

定义 5.2　对于动态随机博弈 Γ，纳什均衡是对所有的 $s \in S$ 都成立的策略组合 (π_*^1, π_*^2)

$$v^1(s, \pi_*^1, \pi_*^2) \geqslant v^1(s, \pi^1, \pi_*^2) \qquad (5-6)$$

---

① 零和博弈（Zero-sum Game）是博弈论中的一个概念，属非合作博弈，指参与博弈的双方，在严格竞争下，一方的收益必然意味着另一方的损失，博弈各方的收益和损失相加的总和永远为"零"。

$$v^2(s,\pi_*^1,\pi_*^2) \geqslant v^2(s,\pi_*^1,\pi_*^2) \tag{5-7}$$

（3）轨道博弈目标函数

航天器与空间目标在轨道博弈中，有着不同的目标和期望，对结果亦有着不同的偏好，从而通过策略或行为优化各自期望。由于期望最优化是各参与者的目标，所以也称为参与者的目标函数。

对于航天器轨道博弈的目标函数，首先考虑博弈双方的欧氏距离

$$j(u_P,u_E) = \| \, [x_P - x_E, y_P - y_E, z_P - z_E]^T_{\,|\,t=t_f} \|_2^2 \tag{5-8}$$

式中，$\|\cdot\|_2$ 为欧氏范数；t_f 为对于起始时刻 t_0 推力作用结束的时刻。

对于连续推力，燃料消耗与推力作用时间成正比，推力作用时间越长，燃料消耗越多。因此，亦将推力作用时间间隔作为轨道博弈目标函数的一部分，在式（5-8）的基础上，构建时间-距离综合最优控制的目标函数

$$J(u_P,u_E) = k\int_{t_0}^{t_f} \mathrm{d}t + (1-k)\int_{t_0}^{t_f} j(u_P,u_E)\,\mathrm{d}t \tag{5-9}$$

式中，$J(\cdot)$ 为博弈双方的目标函数；k 为比例权重，且 $k \in [0,1]$。

在轨道博弈过程中，航天器与空间目标分别根据当前状态，通过独立优化目标函数来采取行为。其间，航天器将力求获得使目标函数最小化的行为策略，而空间目标则期望获得使目标函数最大化的行为策略。根据博弈论中的纳什均衡（Nash Equilibrium，NE）理论[1][231,205]，双方行为当且仅当满足下列不等式时，行为策略达到纳什均衡

$$J(u_P^*,u_E) \leqslant J(u_P^*,u_E^*) \leqslant J(u_P,u_E^*) \tag{5-10}$$

式中，u_P 为航天器的行为策略；u_E 为空间目标的行为策略；u_P^* 为航天器的纳什均衡策略；u_E^* 为空间目标的纳什均衡策略。

双方博弈中的纳什均衡策略，是一个由双方最优策略所构成的组合，即一个特殊的策略组合。对于纳什均衡策略，当双方均采用

---

[1]　纳什均衡又被称为非合作博弈均衡，是以约翰·纳什命名的博弈论理论。

这个策略组合中属于自己的策略时，便没有一方能够通过独立采取其他策略而获得更优的收获。也就是说，航天器选择了纳什均衡行为策略 u_P^*，而空间目标采取非理性行为，即采取纳什均衡之外的任何行为 u_E，都将导致空间目标的目标函数无法获得最优。

在航天器轨道博弈问题中考虑两个参与者，它们具有相同的目标函数，但优化方向却不同。这意味着尽管目标函数相同，但一个参与者想要使目标函数最小化，而另一个参与者则力求将目标函数最大化。对于双边控制问题，博弈双方均有自己的行为策略。设 u_P、u_E 表示博弈双方的行为策略，于是可将航天器轨道博弈策略表述为

$$[u_P, u_E]^T = \arg \min_{u_P} \max_{u_E} J \qquad (5-11)$$

由此，求解该航天器轨道博弈问题的目的，就是要寻求一组行为策略满足纳什均衡，即使得下式成立

$$J^* = \min_{u_P^*} \max_{u_E^*} J = \max_{u_E^*} \min_{u_P^*} J \qquad (5-12)$$

5.2　基于分支深度强化学习的博弈策略求解算法

关于航天器轨道博弈问题的微分对策求解，因其涉及微分方程复杂、约束条件呈非线性、状态变量多，一直是一项比较困难而棘手的问题[141,183]。为进一步改善常规方法难以应对双边控制问题以及均衡策略收敛域较小的不足，在检验轨道博弈策略存在性与一致性的基础上，将博弈策略求解过程视为一种双边控制的马尔可夫决策过程，构建连续空间求解的模糊推理模型，改善深度强化学习在连续空间应用限制，提出一种基于分支深度强化学习的博弈策略求解算法[262]。

5.2.1　博弈策略存在性与一致性检验

通过航天器轨道博弈问题的描述与建模，运用零和微分对策描

述航天器轨道博弈过程，不仅能够有效表达航天器的博弈策略，同时还反映了空间目标的应对措施，充分体现了航天器间的双边控制和序贯博弈过程。然而，一般微分对策问题的均衡值并非唯一确定，可能不存在也可能存在多个。为了说明利用微分对策描述航天器轨道博弈问题的合理性，本节对航天器轨道博弈问题中的纳什均衡解存在性与一致性进行分析，并以此明确方法的适用范围。

（1）轨道博弈策略的存在性检验

轨道博弈问题中，双方收益目标相反，均力求采取对自己最有利的行为策略，纳什均衡策略并非唯一存在。对此，需要检验航天器与空间目标轨道博弈的纳什均衡策略的存在性，即明确在什么条件及情况下纳什均衡策略一定存在。

假设 5.1　行为策略集 u_P 与 u_E 是度量空间中的紧集，目标函数 $J : u_P \times u_E \to R$ 在 $u_P \times u_E$ 上连续。

定义 5.3[127]　对于轨道博弈问题，若分别固定策略 $u_E \in U_E$ 和 $u_P \in U_P$，将航天器与空间目标的最优行为策略集定义为

$$S^P(u_P^*) = \{u_P \in U_P : J(u_P, u_E^*) = \min_{u_P} J(u_P, u_E)\} \quad (5-13)$$

$$S^E(u_P^*) = \{u_E \in U_E : J(u_P^*, u_E) = \max_{u_E} J(u_P, u_E)\} \quad (5-14)$$

定义 5.4　将轨道博弈问题的上对策值 V^+ 和下对策值 V^- 分别定义为

$$V^+ = \min_{u_P} \max_{u_E} J(u_P, u_E) = \min_{u_P} J(u_P, u_E^*(u_P)) \quad (5-15)$$

$$V^- = \max_{u_E} \min_{u_P} J(u_P, u_E) = \max_{u_E} J(u_P^*(u_E), u_E) \quad (5-16)$$

对任意的 $n > 0$ 将存在相应的策略 $u_E^n \in U_E$ 使得下式成立[175]

$$V^- - n \leqslant J(u_P(u_E^n), u_E^n) \quad (5-17)$$

从而可得到上对策值大于或等于下对策值的结论

$$V^+ = \min_{u_P} \max_{u_E} J(u_P, u_E) \geqslant \min_{u_P} J(u_P, u_E^n) = J(u_P(u_E^n), u_E^n) \geqslant V^-$$

$$(5-18)$$

同理，对任意的 $n > 0$ 存在相应的策略 $u_P^n \in U_P$ 使得下对策值大

于或等于上对策值

$$V^- = \max_{u_E} \min_{u_P} J(u_P, u_E) \geqslant \max_{u_E}(u_P^n, u_E) = J(u_P^n, u_E(u_P^n)) \geqslant V^+$$

$$(5-19)$$

由此可知，存在策略 $u_P^n \in U_P$ 和 $u_E^n \in U_E$ 使得

$$V^+ = J(u_P^n, u_E(u_P^n)) = J(u_P(u_E^n), u_E^n) = V^-　　(5-20)$$

当 u_P^n（$n \in [1, N]$）是航天器一系列的行为策略时，令 $u_E(u_P^n)$ 是空间目标对应于 u_P^n 的行为策略。对任意的 $n \geqslant 1$，存在行为策略 $u_E^* \in U_E$ 满足

$$J(u_P^n, u_E^*) \leqslant J(u_P^n, u_E(u_P^n)) = V^+　　(5-21)$$

再根据轨道博弈目标函数 J 的连续性，可知 u_e^* 是对应 u_P^n 的纳什均衡策略

$$J(u_P^n, u_E^*) = \max_{u_E} J(u_P^n, u_E) = J(u_P^n, u_E(u_P^n))　　(5-22)$$

同理，对于空间目标采取的行为策略 u_E^n（$n \in [1, N]$），令 $u_P(u_E^n)$ 是航天器对应的行为策略，对任意的 $n \geqslant 1$，存在行为策略 $u_P^* \in U_P$ 满足

$$J(u_P^*, u_E^n) \geqslant J(u_P(u_E^n), u_E^n) = V^-　　(5-23)$$

再根据轨道博弈目标函数 J 的连续性，可知 u_P^* 是对应 u_E^n 的纳什均衡策略

$$J(u_P^*, u_E^n) = \min_{u_P} J(u_P, u_E^n) = J(u_P(u_E^n), u_E^n)　　(5-24)$$

由此得到检验结论：在假设 5.1 条件下，当 $V^+ = V^-$ 时，该轨道博弈问题的纳什均衡解存在。

（2）轨道博弈策略的一致性检验

航天器轨道博弈最优策略的规划过程中，纳什均衡策略并非唯一确定，可能存在多均衡问题。对此，需要在纳什均衡策略存在的基础上，进一步分析策略值的一致性，明确不同纳什均衡所对应对策值之间的关系。

为了更好地说明该轨道博弈的特点，先给出下列假设条件和定理。

假设 5.2　$f(x)$ 是有界函数，满足利普希茨（Lipschitz）连续[①]，即存在 $L > 0$，有

$$|f(t, x_1, u_P, u_E) - f(t, x_2, u_P, u_E)| \leqslant L|x_1 - x_2|$$

$$(5-25)$$

且存在正实数 $K \in R^+$ 满足

$$|f(t, x, u_P, u_E)| \leqslant K(1 + |x|)$$ $$(5-26)$$

定理 5.1[127]　若 $V^+(t, x)$ 是在时间 t 状态 x 时的上对策值，那么对任意 $h \in [0, t_f - t_0]$ 有

$$V^+(t_0, x_0)$$

$$= \min_{u_P^n \in U_P} \max_{u_E^n \in U_E} \left\{ \int_{t_0}^{t_0+h} \ell(t, x_t, u_P, u_E) \, dt + V^+(t_0 + h, x_t(t_0 + h)) \right\}$$

$$(5-27)$$

式中，$x_t(t_0, x_0, u_P, u_E)$ 为式（5-2）中以 (t_0, x_0) 为初始条件的 x 轴方向分量；$\ell(t, x_t, u_P, u_E)$ 为目标函数式（5-9）的过程分量，且与终端分量 $\phi(x_t(t_0))$ 构成了目标函数 $J(u_P, u_E)$

$$J(u_P, u_E) = \phi(x_t(t_0)) + \int_{t_0}^{t_0+h} \ell(t, x_t, u_P, u_E) \, dt \quad (5-28)$$

令式（5-28）等于 0，即

$$\min_{u_P^n \in U_P} \max_{u_E^n \in U_E} \left\{ \frac{1}{h} \int_{t_0}^{t_0+h} \ell(t_0, x(t_0), u_P, u_E) \, dt + \frac{V^+(t_0 + h, x_t(t_0 + h)) - V^+(t_0, x_t(t_0))}{h} \right\} = 0$$

$$(5-29)$$

若 V^+ 是一阶可微函数，当 $h \to 0$ 时有

$$\min_{u_P^n \in U_P} \max_{u_E^n \in U_E} \{\ell(t_0, x(t_0), u_P, u_E) + \partial_t V^+ + DV^+ \cdot f(t_0, x(t_0), u_P, u_E)\} = 0$$

$$(5-30)$$

式中，$\partial_t(\cdot)$ 为函数对时间 t 的一阶偏导数；D 为函数对状态量 x 的一阶偏导数。

---

①　Lipschitz 连续的定义：有函数 $f(x)$，如果存在一个常量 L，使得 $f(x)$ 对定义域上（实数或复数）的任意两个值满足如下条件：$|f(x_1) - f(x_2)| \leqslant L|x_1 - x_2|$。那么称函数 $f(x)$ 满足 Lipschitz 连续，并称 L 为 $f(x)$ 的 Lipschitz 常数。

式 (5－30) 在微分对策中被称为 Hamilton－Bellman－Isaacs 方程[159,226]。

将 H^+ 定义为

$$H^+(t,x,\zeta) = \min_{u_P^n \in U_P} \max_{u_E^n \in U_E} \{\ell(t_0,x_0,u_P,u_E) + \zeta f(t_0,x_0,u_P,u_E)\}$$

$$(5－31)$$

则 Hamilton－Bellman－Isaacs 方程可表述为

$$\partial_t V^+ + H^+(t,x,DV^+) = 0 \qquad (5－32)$$

根据假设 5.1 知 $V^+(t,x)$ 是连续函数，所以 $V^+(t,x)-\varphi(t,x)$ 在点 (t_0,x_0) 有局部极大值

$$V^+(t_0,x_0) - \varphi(t_0,x_0) \geqslant V^+(t,x) - \varphi(t,x) \qquad (5－33)$$

根据定理 5.1，存在 h_0 对任意的 $h \in (0,h_0)$ 有

$$\min_{u_P^n \in U_P} \max_{u_E^n \in U_E} \left\{ \int_{t_0}^{t_0+h} \ell(t,x_t,u_P,u_E)\,\mathrm{d}t + \varphi(t_0+h,x_t(t_0+h)) - \varphi(t_0,x_0) \right\} \geqslant 0$$

$$(5－34)$$

其中，对于任意给定的行为 u_P 有

$$\max_{u_E^n \in U_E} \left\{ \int_{t_0}^{t_0+h} \ell(t,x_t,u_P,u_E)\,\mathrm{d}t + \varphi(t_0+h,x_t(t_0+h)) - \varphi(t_0,x_0) \right\} \geqslant 0$$

$$(5－35)$$

由此对于任意的 ε 和 h，存在一个 u_E^* 满足

$$\int_{t_0}^{t_0+h} \ell(t,x_t,u_P,u_E^*)\,\mathrm{d}t + \varphi(t_0+h,x_t(t_0+h)) - \varphi(t_0,x_0) \geqslant \varepsilon h$$

$$(5－36)$$

由假设 5.2 函数 f 的有界性，ℓ 为一致连续函数，可得

$$\left| \int_{t_0}^{t_0+h} \ell(t,x_t,u_P,u_E^*)\,\mathrm{d}t - \int_{t_0}^{t_0+h} \ell(t_0,x_0,u_P,u_E^*)\,\mathrm{d}t \right|$$

$$\leqslant \int_{t_0}^{t_0+h} |\ell(t,x_t,u_P,u_E^*) - \ell(t_0,x_0,u_P,u_E^*)|\,\mathrm{d}t$$

$$\leqslant \int_{t_0}^{t_0+h} \mathrm{lip}(\ell)(|t-t_0|+|x-x_0|)\,\mathrm{d}t$$

$$\leqslant \int_{t_0}^{t_0+h} \mathrm{lip}(\ell)(|t-t_0|+\|f\|_\infty|x-x_0|)\,\mathrm{d}t = o(h)$$

$$(5-37)$$

由于 φ 是式（5-27）上的函数，所以有

$$\varphi(t_0+h,x(t_0+h)) - \varphi(t_0,x(t_0))$$
$$= \int_{t_0}^{t_0+h} \{\partial_t\varphi(t,x_t) + D\varphi(t,x_t)\cdot f(t_t,x_t,u_P,u_E^*)\}\,\mathrm{d}t$$

$$(5-38)$$

根据 $f(t_t,x_t,u_P,u_E^*)$ Lipschitz 连续性以及 $\partial_t\varphi(t,x_t)$、$D\varphi(t,x_t)$ 的连续性可知

$$\left| \int_{t_0}^{t_0+h} \partial_t\varphi(t,x_t)\,\mathrm{d}t - h\partial_t\varphi(t,x_t) \right| \leqslant o(h) \qquad (5-39)$$

$$\left| \int_{t_0}^{t_0+h} D\varphi(t,x_t)\cdot f(t_t,x_t,u_P,u_E^*)\,\mathrm{d}t - \int_{t_0}^{t_0+h} D\varphi(t_0,x_0)\cdot f(t_0,x_0,u_P,u_E^*)\,\mathrm{d}t \right| \leqslant o(h)$$

$$(5-40)$$

将式（5-37）、式（5-39）和式（5-40）代入式（5-36），得

$$\int_{t_0}^{t_0+h} \{f(t_0,x_0,u_P,u_E^*) + D\varphi(t_0,x_0)\cdot f(t_0,x_0,u_P,u_E^*)\}\,\mathrm{d}t +$$

$$h\partial_t\varphi(t_0,x_0) \geqslant o(h) - \varepsilon h$$

$$(5-41)$$

推广到一般行为策略

$$\int_{t_0}^{t_0+h} \max_{u_E^n \in U_E} \{f(t_0,x_0,u_P,u_E) + D\varphi(t_0,x_0)\cdot f(t_0,x_0,u_P,u_E)\}\,\mathrm{d}t +$$

$$h\partial_t\varphi(t_0,x_0) \geqslant o(h) - \varepsilon h$$

$$(5-42)$$

式 (5-42) 两侧同时除以 $h\,(h > 0)$ 得

$$\frac{1}{h}\int_{t_0}^{t_0+h}\max_{u_E^n\in U_E}\{f(t_0,x_0,u_P,u_E)+D\varphi(t_0,x_0)\cdot f(t_0,x_0,u_P,u_E)\}\,\mathrm{d}t +$$

$$\partial_t\varphi(t_0,x_0)\geqslant\frac{o(h)}{h}-\varepsilon$$

$$(5-43)$$

当 $\varepsilon\to 0$、$h\to 0$ 时，可得

$$\max_{u_E^n\in U_E}\{\ell(t_0,x_0,u_P,u_E)+\partial_t\varphi(t_0,x_0)+D\varphi(t_0,x_0)\cdot f(t_0,x_0,u_P,u_E)\}\geqslant 0$$

$$(5-44)$$

由于 u_P 的任意性，所以有

$$\min_{u_P^n\in U_P}\max_{u_E^n\in U_E}\{\ell(t_0,x_0,u_P,u_E)+\partial_t\varphi(t_0,x_0)+D\varphi(t_0,x_0)\cdot f(t_0,x_0,u_P,u_E)\}\geqslant 0$$

$$(5-45)$$

根据 Hamilton - Bellman - Isaacs 方程弱解性[264,266]知，对任意测试函数 $\varphi(t,x)\in([0,T]\times R^n)$ 在点 (t_0,x_0) 对 $V^+(t,x)-\varphi(t,x)$ 有局部极大值，且满足式 (5-45)，则 V^+ 是式 (5-32) 的一个有效解。

同理，对于时间 t 状态 x 时的下对策值 $V^-(t,x)$，可使 Hamilton - Bellman - Isaacs 方程表述为

$$\partial_t V^-+H^-(t,x,DV^-)=0 \qquad (5-46)$$

其中

$$H^-(t,x,\zeta)=\max_{u_E^n\in U_E}\min_{u_P^n\in U_P}\{\ell(t_0,x_0,u_P,u_E)+\zeta f(t_0,x_0,u_P,u_E)\}$$

$$(5-47)$$

对任意测试函数 $\varphi(t,x)\in([0,T]\times R^n)$ 在点 (t_1,x_1) 对 $V^-(t,x)-\varphi(t,x)$ 有局部极小值，且满足式 (5-48)，则 V^- 是式 (5-47) 的一个有效解。

$$\max_{u_E^n\in U_E}\min_{u_P^n\in U_P}\{\ell(t_1,x_1,u_P,u_E)+\partial_t\varphi(t_1,x_1)+D\varphi(t_1,x_1)\cdot f(t_1,x_1,u_P,u_E)\}\leqslant 0$$

$$(5-48)$$

在本书假设 5.1 和假设 5.2 条件下，根据文献 167 的理论推导及证明可知，式（5-49）成立

$$H^+ (t,x,\zeta) = H^- (t,x,\zeta), \forall (t,x,\zeta) \in [t_0,t_f] \times R^{2n} \times R^{2n}$$

$$(5-49)$$

再根据式（5-18）和式（5-19）可知 $V^+ \geqslant V^-$ 且 $V^+ \leqslant V^-$ 总是成立。所以，对任意有效对策值均满足 $V = V^+ = V^-$。

由此得到检验结论：在假设 5.1 和假设 5.2 条件下，该轨道博弈问题若有多个纳什均衡策略，那么不同的纳什均衡策略将对应相同的对策值。

5.2.2　博弈策略求解的马尔可夫决策

航天器轨道博弈过程是典型的面向不完全信息的序贯决策，为便于深度强化学习算法对博弈策略进行求解，可将博弈策略求解视为一种双边控制的马尔可夫决策过程[①]。马尔可夫决策过程的一般性定义为：

定义 5.5[194]　马尔可夫决策过程可由〈S, U, R, P〉表示，其中 S 是状态空间，U 是行为空间，R：$S \times U \to R$ 是参与者的奖励函数，P：$S \times U \to \Delta$ 是转移概率函数，$\Delta(S)$ 是状态空间 S 上的概率分布集合。

在马尔可夫决策过程中，航天器（参与者）的目标是找到一种策略 π 使所期望的奖励总和达到最大。

$$v(s,\pi) = \sum_{t=0}^{\infty} \beta^t E(R_t | \pi, s_0 = s) \qquad (5-50)$$

式中，$\beta \in [0, 1)$ 为折扣系数；s_0 为初始状态；R_t 为在 t 时刻的奖励。

将式（5-50）分解为

---

① 马尔可夫决策过程，名字来源于俄国数学家安德雷·马尔可夫，是一种以马尔可夫链为基础的序贯决策（sequential decision）的数学模型，主要在具有马尔可夫性质的动态环境中模拟随时间变化的随机策略与回报。

$$v(s,\pi) = R(s,u_\pi) + \beta \sum_{s'} p(s'|s,u_\pi) v(s',\pi) \qquad (5-51)$$

式中，u_π 为根据策略 π 所选决的行为。

存在一个最优策略 π^* 对于任意状态 $s \in S$ 使得下列贝尔曼 (Bellman) 方程成立[194]

$$v(s,\pi^*) = \max_u \left\{ R(s,u) + \beta \sum_{s'} p(s'|s,u) v(s',\pi^*) \right\}$$

$$(5-52)$$

式中，$v(s,\pi^*)$ 为对于状态 $s \in S$ 的最优策略。

如果航天器知道奖励函数和状态转移函数，它可以通过一些迭代搜索方法获得策略 π^* [265]。当航天器不知道奖励函数或状态转移概率时，于是动态随机博弈问题便产生了。这就需要航天器与环境进行实时交互，以获得最优的策略。航天器可以通过学习奖励函数和状态转移函数，再利用式（5-52）求解其最优策略。这种方法被称为"基于模型的强化学习"。然而，航天器也可以在不知道奖励函数或状态转移函数的情况下直接学习其最优策略，并将这种方法称为"无模型强化学习"[182]。

根据式（5-52）可将基本的无模型强化学习定义为

$$Q^*(s,u) = R(s,u) + \beta \sum_{s'} p(s'|s,u) v(s',\pi^*) \qquad (5-53)$$

根据式（5-53）的定义，$Q^*(s,u)$ 将在状态 s 中采取行为，遵循最优策略获得相应奖励。再根据式（5-52）可得

$$v(s,\pi^*) = \max_s Q^*(s,u) \qquad (5-54)$$

由此可知：如果知道 $Q^*(s,u)$，其最优策略 π^* 便能够找到；与此同时，依据该策略总是能够在状态 s 通过最大化 $Q^*(s,u)$ 获得最优行为。

在无模型强化学习中，航天器在状态 $s \in S$ 和行为 $u \in U$ 中任意初始化 $Q(s,u)$。在每一时刻，航天器将选择一个行为并观察其奖励，然后将根据下式更新 q 值

$$Q_{t+1}(s,u) = (1-\alpha_t) Q_t(s,u) + \alpha_t \left[R_t + \beta \max_b Q_t(s',b) \right]$$

$$(5-55)$$

式中，$\alpha_t \in [0, 1)$ 为学习率，通常为了使方法收敛，学习率需要随时间衰减。

5.2.3　连续空间求解的模糊推理模型

航天器轨道博弈在连续状态空间进行，然而传统的深度强化学习方法可能会由于其难处理性、连续状态空间和行为空间庞大而导致维数灾难[①][180]问题。为避免这一问题，根据"模糊推理是一种可以任何精度逼近任意非线性函数的万能逼近器"[221]这一结论，本节构建了一种空间行为的模糊推理模型，以实现连续状态经由模糊推理再到连续行为输出的映射转换，从而有利于发挥深度强化学习的离散行为方法优势。

Takagi‐Sugeno‐Kang（TSK）[②][160]作为最常用的模糊推理模型，在通过隶属函数（Membership Function，MF)[162]表征连续状态空间或行为空间后，利用 IF‐THEN 模糊规则[③]可以获得模糊集到输出线性函数之间的映射关系[232]

$$R_l: IF\ x_1\ is\ A_1^l\ AND\ x_2\ is\ A_2^l\ AND\ \cdots AND\ x_i\ is\ A_i^l\ THEN\ u_l = c_l$$

$$(5-56)$$

式中，R_l 为该模糊推理模型中的第 l 条规则（$l=1,\cdots,L$）；x_i 为传递给模糊模型的输入变量（$i=1,\cdots,n$）；A_i^l 为对应于输入变量 x_i 的模糊集；u_l 为规则 R_l 的输出函数；c_l 为描述模糊集中心的常数[104]。

图 5‐3 展示了当输入量 $n=2$、隶属函数 $y=3$ 时的空间行为模糊推理模型。该模型为 5 层网状结构，其中以小圆圈表示变量节点，

———

① 维数灾难（Curse of Dimensionality），通常指在有关向量的运算问题中，随着维数的增加，运算量呈指数倍增长的一种现象。

② Takagi‐Sugeno‐Kang 是一种著名的模糊推理模型，通常借助"IF‐THEN"规则进行推理，因其具有良好的逼近性能，在系统辨识、数据挖掘、模式识别以及图像处理等领域应用广泛。

③ IF‐THEN 模糊规则，其形式为 if x is A then y is B，"x is A"称为前提，"y is B"称为结论，其中 A 和 B 是由论域 x 和 y 上的模糊集合定义的语言值。

以小方框表示运算节点。推广到一般情况，假设有 n 个连续空间变量 $x_i(i=1，\cdots，n)$ 作为输入，在对每个变量 x_i 运用 y 个隶属函数处理后，再经过模糊化与去模糊过程便可获得精确输出 u，其中各层功能如下所述：

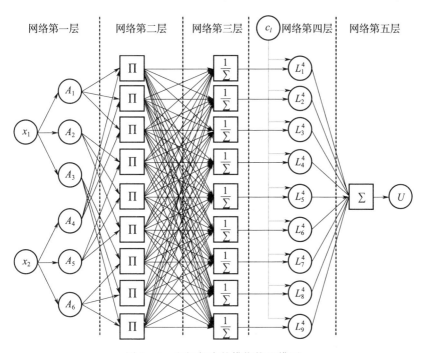

图 5 - 3　空间行为的模糊推理模型

（1）网络第一层

输入变量经模糊函数处理后，一共有 $(n \cdot y)$ 个自适应输出节点。依据式（5 - 56）计算，每个节点的输出是其输入变量 x_i 的隶属度 $\mu^{A_i^l}$。

（2）网络第二层

对模糊集采取直积推理[162]，即分别在 $L(L=y^n)$ 个运算节点对各隶属度进行交叉相乘运算

$$L_l^2 = \prod_{i=1}^{n} \mu^{A_i^l}(x_i) \qquad (5-57)$$

（3）网络第三层

为实现加权平均去模糊化，对隶属度进行了归一化处理

$$L_l^3 = \Psi^l = \frac{L_l^2}{\sum\limits_{l=1}^{L} L_l^2} = \frac{\prod\limits_{i=1}^{n} \mu^{A_i^l}(x_i)}{\sum\limits_{l=1}^{L} \left(\prod\limits_{i=1}^{n} \mu^{A_i^l}(x_i)\right)} \qquad (5-58)$$

（4）网络第四层

引入模糊集中心常数 c_l ，对每一个节点进行点乘运算

$$L_l^4 = L_l^3 \cdot c_l \qquad (5-59)$$

（5）网络第五层

对节点进行累计处理，便可将模糊量转换成精确量[238]

$$L^5 = u = \sum_{l=1}^{L} L_l^4 = \frac{\sum\limits_{l=1}^{L} \left(\prod\limits_{i=1}^{N} \mu^{A_i^l}(x_i) \cdot c_l\right)}{\sum\limits_{l=1}^{L} \left(\prod\limits_{i=1}^{N} \mu^{A_i^l}(x_i)\right)} = \sum_{l=1}^{L} (\Psi^l \cdot c_l)$$

$$(5-60)$$

式中，$\mu^{A_i^l}$ 为模糊集 A_i^l 的隶属度，其函数通常采用图形化描述。其中，高斯隶属函数由于其公式简单、计算效率高，在模糊推理模型中被广泛应用。

高斯隶属函数可表示为

$$\mu^{A_i^l}(x_i) = \exp\left(-\left(\frac{x_i - m_i^l}{\sigma_i^l}\right)^2\right) \qquad (5-61)$$

式中，m_i^l 为高斯隶属函数的均值；σ_i^l 为高斯隶属函数的方差。

5.2.4 轨道博弈的分支深度强化学习

深度强化学习（Deep Reinforcement Learning）虽是神经网络与强化学习的有效结合，但直接运用于空间行为模糊推理模型时，却会面临行为数量与映射规则的组合增长问题，这大大削弱了离散化

处理后的行为控制决策能力。此外，值函数的朴素分布以及跨多个独立函数逼近器的策略表示同样会遇到许多困难，从而导致收敛问题[170]。

为此，本节提出了一种新的分支深度强化学习架构。将状态行为值函数的表示形式分布在多个网络分支上，通过多组并行的神经网络以实现离散行为的独立训练与快速处理；在共享一个行为决策模块的同时，将状态行为值函数分解为状态函数和优势函数，以实现一种隐式集中协调；给出航天器与空间目标的博弈交互过程，经过适当的训练，可实现方法的稳定性和良好策略的收敛性。

（1）多组并行的网络分支

依据空间行为模糊推理模型中 L 条规则，将状态行为值函数的表示形式分布在多个网络分支上，搭建 L 组并行的神经网络。多组并行的神经网络，是在单个神经网络基础上增加了多组并行神经网络。与单组神经网络[251]类似，并行神经网络在与环境的不断交互中自主训练、独立决策。结合强化学习的博弈和反馈机制，将使得多组并行神经网络具有更强的自主性、灵活性和协调性，极大地提升了离散行为的独立学习能力，整体增强了对环境的探索能力。

分支深度强化学习架构中的多组并行神经网络如图 5 - 4 所示。其中，各组神经网络均由输入层、隐藏层和输出层组成，当状态信息分别输入 L 组并行神经网络后，独立通过激励函数进行前向传输以及进行梯度下降反向训练，输出可获得离散行为的状态行为函数（简称 q 函数）。

（2）共享行为决策模块

对于具有 n 个输入量和 y 个隶属函数的模糊推理模型，直接使用传统强化学习方法，则需要同时考虑 y^n 个可能的 q 函数。这使强化学习方法在多离散行为应用中变得棘手，甚至难以有效探索[213]。

本书在所构建的共享行为决策模块中，对传统强化学习方法进行了改进。图 5 - 5 所示为基于改进强化学习的共享行为决策示意图，其主要思想是将多组并行神经网络计算输出的 q 函数分解为状

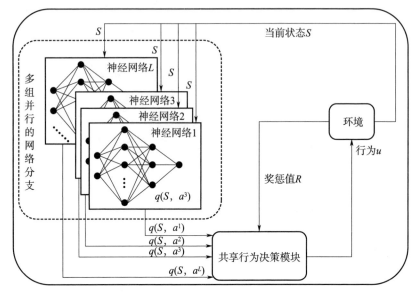

图 5-4　分支深度强化学习架构示意图

态函数和优势函数，以分别评估状态值和各独立分支的行为优势，最后再通过一个特殊的聚合层，将状态函数和分解后的优势函数组合起来，输出得到连续空间行为策略。

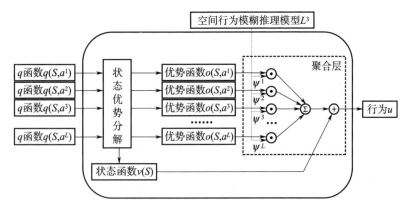

图 5-5　基于改进强化学习的共享行为决策示意图

详细方法如下：

在状态输入端，需对模糊规则稍作调整，在空间行为模糊推理模型进行 $L\,(L=y^n)$ 条 IF - THEN 模糊规则映射时，用 a^l 替换式 (5-56) 中的 c_l

R_l:IF x_1 is A_1^l AND x_2 is A_2^l AND …AND x_i is A_i^l THEN $u_l=a^l$

$$(5-62)$$

式中，a^l 为离散行为集 $a=\{a^1,\ a^2,\ …,\ a^L\}$ 中对应于规则 l 的行为。

在行为选择阶段，为了有效解决强化学习中的探索与利用问题，即持续使用当前最优策略保持高回报的同时，敢于尝试一些新的行为以求更大的奖励，则对行为 a^l 采取 ε - greedy 贪婪策略。该策略定义以 ε 的概率在离散行为集中随机选取，以 $1-\varepsilon$ 的概率选择一个最优行为

$$a^l = \begin{cases} 在\ a\ 中进行随机选取 & \text{Prob}(\varepsilon) \\ \arg\max\limits_{a^l\in a} q(S,a^l) & \text{Prob}(1-\varepsilon) \end{cases} \quad (5-63)$$

式中，S 为当前航天器的位置状态；$q(S,\ a^l)$ 为对应规则 l 和航天器行为 $a^l\in a$ 下的 q 函数。

q 函数被定义为在 ε - greedy 策略下从状态 S 开始执行行为 a 之后的期望价值 G_t，并将 ε - greedy 策略下 q 函数的期望称为状态函数[194]

$$q_t(S,a^l)=E\,[G_t\,|\,S_t=S,a_t=a,\varepsilon-\text{greedy}] \quad (5-64)$$

$$v_t(S)=E_{a\sim\varepsilon\text{-greedy}}\,[q_t(S,a^l)] \quad (5-65)$$

状态函数可以度量特定状态下的行为状态，而 q 函数则度量在这种状态下选择特定行为的价值。基于此，将 q 函数与状态函数的差值定义为优势函数

$$o_t(S,a^l)=q_t(S,a^l)-v_t(S) \quad (5-66)$$

理论上，优势函数是将状态值从 q 函数中减去后的剩余，从而获得每个行为重要性的相对度量，并且满足 $E_{a\sim\varepsilon\text{-greedy}}\,[o_t(S,\ a^l)]=0$。然而由于 q 函数只是对状态-行为的价值估计，这导致无法明确

状态值和优势值的估计。为此，利用优势函数期望值为 0 这一特性，即当获取最优行为 a^* 时 $q_t(S, a^*) = v_t(S)$，$v_t(S)$ 将实现状态函数的估计，与此同时 $o_t(S, a^l)$ 亦将实现优势函数的估计，进而可将 q 函数分解为一个状态函数 $v_t(S)$ 和一个优势函数 $o_t(S, a^l)$

$$q_t(S, a^l) = v_t(S) + (o_t(S, a^l) - \max_{a^l \in a} o_t(S, a^l)) \quad (5-67)$$

在行为输出端，可将与行为选取无关的状态函数分离出来，只需在对各优势函数进行优选操作后，再结合式（5-59）通过全连接层输出。这一处理既缓解了 q 函数的运算量，又有效避免了行为数量与映射规则的组合增长问题。

$$u^*(\overline{x}_t) = v_t(S) + \sum_{l=1}^{L} (\Psi_t^l \cdot o_t(S, a^l) - \Psi_t^l \cdot \max_{a^l \in a} o_t(S, a^l))$$

$$(5-68)$$

式中，$u^*(\overline{x}_t)$ 为 L 项规则中具有最优 q 值的全局行为。

在自主学习阶段，在奖惩值的牵引下为实现反馈自主学习，定义时间差分（TD）误差函数

$$p_t = R_{t+1} + \gamma u^*(\overline{x}_{t+1}) - u(\overline{x}_t) \quad (5-69)$$

式中，$\gamma \in [0, 1]$ 为折扣因子；R_{t+1} 为 $t+1$ 时刻可获得的奖惩值，并定义 $R_{t+1} = 2e^{-u^2} - 1$。

q 函数更新阶段，通过自主迭代训练进行更新

$$q_{t+1}(l, a^l) = q_t(l, a^l) + \eta p_t \Psi_t^l \quad (5-70)$$

式中，η 为强化学习速率。

5.2.5　航天器与空间目标的博弈交互

对于经微分策略描述的航天器与空间目标轨道博弈问题，将空间连续行为经由模糊推理模型表示，再运用基于分支深度强化学习的轨道博弈方法，便可获得连续行为输出。在此以航天器视角为例，展现双方动态博弈交互过程，如图 5-6 所示。

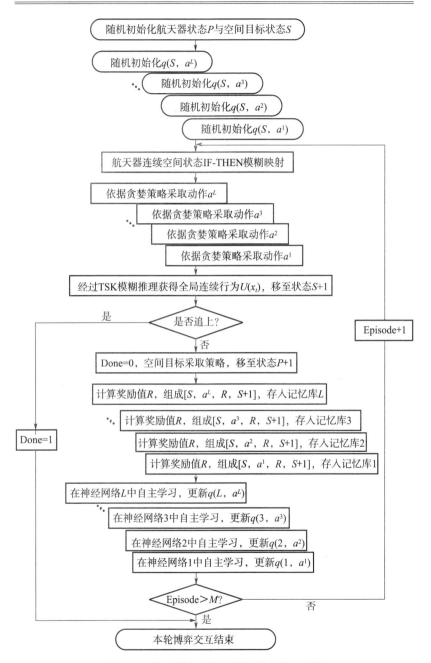

图 5-6　航天器与空间目标的博弈交互过程

过程 1　根据航天器当前状态 S 定义模糊推理模型输入量 n，设定隶属函数 y。依据模糊规则数，定义 $L(L = y^n)$ 组神经网络，并对各网络的 q 函数进行随机初始化。

过程 2　以航天器当前状态作为输入 $\overline{x} = (x_1, x_2, \cdots, x_n)$，经 IF - THEN 模糊映射为 L 条规则。

过程 3　分别在与第 $l = \{1, 2, \cdots, L\}$ 条规则所对应的神经网络中，计算 q 函数 $q(S, a^l)$，根据式（5 - 63）选取离散行为 $a^l(l = 1, 2, \cdots, L)$。

过程 4　分别用 a^l 依式（5 - 62）替换式（5 - 56）中的 c_l 项，根据式（5 - 57）至式（5 - 60）经模糊推理模型，结合优势函数的提取，获得当前状态下航天器将采取的行为 $u(\overline{x}_t)$。航天器采取行为 $u(\overline{x}_t)$，移至新的位置状态 $S + 1$。

过程 5　计算航天器与空间目标的欧氏距离，判断是否满足拦截条件。若满足，令变量 Done $= 1$ 并转到过程 10；若不满足，则转到过程 6。

过程 6　令变量 Done $= 0$，空间目标根据策略采取对自己最有利的行为，并移至新位置状态 $P + 1$。

过程 7　依据行为 u 以及位置状态变化情况，计算奖惩值 R。在各分支网络中将当前状态 S、离散行为 a^l、奖惩值 R 以及下一步状态 $S + 1$，组合成 $[S, a^l, R, S + 1]$ 矩阵形式并存入记忆库[194,44]。

过程 8　共享行为决策模块中进行自主强化学习，依据式（5 - 66）至式（5 - 70），以误差函数 p_t 为牵引，采取一定的学习率 η，更新 q 函数。

过程 9　判断步数是否达到最大行动步数 M。若达到，转至过程 10；否则，步数加 1 并转入过程 2。

过程 10　结束本轮轨道博弈交互过程。

5.3　航天器轨道博弈策略实时规划案例分析

为验证本章构建的航天器微分对策模型的适用性，以及基于分支深度强化学习的策略规划方法的有效性和优越性，进行了算例仿真与分析。

5.3.1　问题描述

案例场景参照相关文献[136,177]构设，航天器与空间目标（非合作目标）均在近地轨道附近，对策时间较短且瞬时状态信息完全已知。航天器的质量为 2 500 kg，最大加速度 0.05g，$g = 9.8 \times 10^{-3}$ km/s²。空间目标质量为 2 500 kg，最大加速度 0.01g。轨道博弈过程中，航天器的追逐行为 $u_P = [\theta_P, \delta_P]$ 以及空间目标行为 $u_E = [\theta_E, \delta_E]$ 均是度量空间中的紧集，各自的目标函数 $J(u_P, u_E)$ 在 $u_P \times u_E$ 上连续，双方均基于纳什均衡采取对自己最有利的行为策略，即只有当双方均采用这个策略组合中属于自己的策略时，便没有一方能够通过独立采取其他策略而获得更大的收益。考虑燃料消耗相对于航天器以及空间目标质量而言是小量，假定整个机动过程航天器、空间目标质量不变。设地球引力常数为 $\mu = 3.986 \times 10^5$ km³/s²，博弈过程最大行动步数 $M = 3\,600$，它们轨道博弈的相对初始状态参数见表 5-1。

表 5-1　相对坐标下航天器与空间目标的初始值

初始值	x/km	y/km	z/km	$\dot{x}$/(km/s)	$\dot{y}$/(km/s)	$\dot{z}$/(km/s)
航天器	0	0	0	$-0.049\,6$	0.045 8	0
目标	-50	30	0	$-0.026\,3$	0.021 8	0

航天器 P 与空间目标 E 之间的空间角度差 φ 由俯仰角角度差 $\Delta\delta$ 与轨道平面内推力角之差 $\Delta\theta$ 构成，即 $\varphi = [\Delta\delta, \Delta\theta]$

$$\begin{cases} \Delta\delta = \delta_E - \delta_P \\ \Delta\theta = \arctan\left(\dfrac{y_E - y_P}{x_E - x_P}\right) - \theta_P \end{cases} \qquad (5-71)$$

角度差的变化率 $\dot{\varphi}$ 表示为

$$\dot{\varphi} = \frac{\varphi - \varphi'}{T} \qquad (5-72)$$

式中，φ' 为上一状态的角度差；T 为采样时间。

当航天器接近空间目标时，空间目标采取非合作行为。为较好地反映整个博弈交互过程，以角度差 φ 及其变化率 $\dot{\varphi}$ 作为航天器 P 和空间目标 E 的状态量 $S = (\varphi, \dot{\varphi})$ 、$P = (\varphi, \dot{\varphi})$ 。为避免维数灾难，设置输入 $n = 2$ 和隶属函数 $y = 3$ 来构建模糊推理模型。角度差 φ 及其变化率 $\dot{\varphi}$ 模糊集均以{负(N)，零(Z)，正(P)}表示。

5.3.2　模型运算分析

在案例求解中，为更好地说明方法在自主训练、自我优化方面的优势，举例展示了分别经过自主学习 0 次、500 次以及 1 000 次后的轨道博弈过程。

（1）经 0 次学习后的航天器轨道博弈

图 5 - 7 展示了经过自主学习 0 次后航天器与空间目标的轨道博弈，即方法不经学习直接应用于该轨道博弈问题的轨迹变化情况。其中，航天器虽有目标函数驱使，但由于其 q 函数随机生成，且没有任何先验知识，导致行为举棋不定、来回浮动，空间目标不受影响沿原来轨道方向继续行进。最终，航天器与空间目标距离越来越远，不能完成任务。

（2）经 500 次学习后的航天器轨道博弈

图 5 - 8 展示了经过自主学习 500 次后航天器与空间目标的轨道博弈。方法经过 500 次自主学习，航天器能够朝着空间目标方向逼近，途中空间目标采取非合作行为改变既定轨道，双方不断博弈，在耗时 358 s 后航天器追上空间目标。

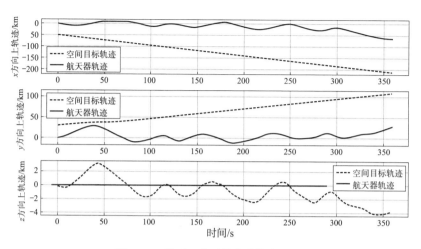

图 5 - 7 学习 0 次后的轨道博弈轨迹

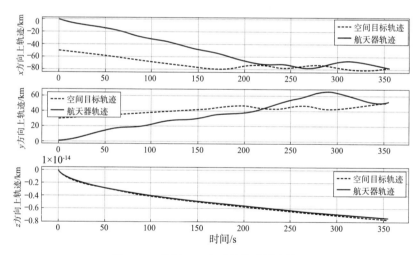

图 5 - 8 学习 500 次后的轨道博弈轨迹

（3）经 1 000 次学习后的航天器轨道博弈

图 5 - 9 所示为自主学习中 q 函数误差随训练次数的变化情况，随着训练次数的不断增多，q 函数误差越来越低，较快地收敛到最优行为策略，从而实现了该轨道博弈的纳什均衡。但由于采用贪婪策

略，使得后期误差还存在微弱的波动。

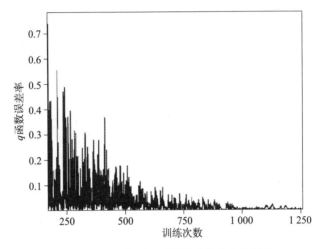

图 5-9　q 函数误差随训练次数的变化情况

当方法经过 1 000 次自主学习后，航天器能够更好地处理空间目标的非合作行为，在与空间目标博弈一段时间后很快使得相互的行为趋于稳定，双方博弈行为概率分布如图 5-10 所示。

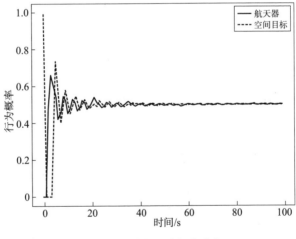

图 5-10　博弈行为概率分布

　　依此，在均衡策略的驱使下，航天器能够选择最佳轨迹，在最短耗时 336 s 后便追上空间目标，其行为控制量如图 5 - 11 所示，轨道博弈运动轨迹如图 5 - 12 所示。由图易知，双方在 z 方向的轨迹没有发生明显变化，与相关文献[177,13]所得"航天器与空间目标在博弈过程中最佳的追逐策略应发生在共面轨道"结论相一致。

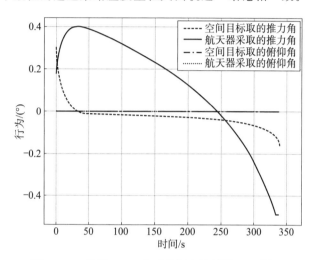

图 5 - 11　学习 1 000 次后的行为控制量（见彩插）

　　综上所述，面对非合作目标，在仅知自身状态和目标当前有限状态，未知目标未来行为的条件下，若不及时获得有效的策略，航天器将无法正确预判目标下一时刻的行为方向，只能被动地在后面追逐，始终无法触及目标，从而错过最佳交会时机。运用基于分支深度强化学习的博弈策略求解算法，将航天器每一时刻可以采取的行为表示在多个网络分支上，经过多组并行的神经网络独立训练与快速处理，再通过共享决策模块对不同策略进行集中协调。在未知空间目标下一步行为方向的情况下，航天器均能获得纳什均衡下的最优策略，从而能够在 336 s 内与目标交会。

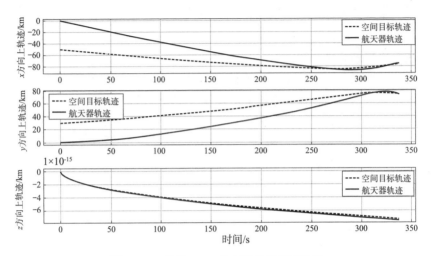

图 5 - 12　学习 1 000 次后的轨道博弈轨迹

5.3.3　算法对比

　　航天器轨道博弈策略实时规划问题涉及高维非线性微分模型，由微分对策理论可知，受微分模型阶数及非线性项制约，对此类高维非线性微分对策模型直接求解较为困难，寻求一个以交互为目的的策略求解算法十分必要，有助于向航天器轨道博弈提供有效的理论和决策依据。

　　（1）算法适用性对比

　　航天器间的轨道博弈，双方均会选择对自身最有利的行为策略。对于一般的追逐最优控制问题，通常可采用比例导引法。比例导引法以追逐为目的，能够给出追逐方的最优控制策略，具有形式简单、易于实现等优点。但是，面对这样一个机动规律多变、信息层面不沟通、先验知识不完备的连续空间动态交互问题，需要同时考虑双方在轨道博弈中的策略选择，比例导引法由于无法同时应对双方行为而难以适用[127]。打靶法、配点法以及智能优化算法则更适合连续空间动态交互问题的数值求解，在航天器轨道博弈策略求解问题上

具有更好的应用效果。表5-2分别对这三类求解算法进行了适用性
对比分析。

表5-2　不同策略求解算法的适用性对比

算法名称	特点	优势	适用性分析
打靶法	1)以改进的牛顿迭代法为核心的边值求解算法 2)以寻求鞍点存在的必要性为出发点,通过对初始条件的不断修正从而满足边值条件	1)计算速度快、计算结果精准 2)在获得高精度数值解的同时可直接获得微分对策的鞍点	对初始值要求高,对于高维边值问题收敛域较小,难以应对非线性或控制量耦合的边值问题
配点法	1)将微分对策问题转换为最优控制问题 2)通过不断修正初始值,让微分方程满足边值条件	1)收敛性较好 2)利于数学解析,便于数学计算	求解时间和计算精度依赖初始值,核心思想存在理论缺陷,难以说明收敛的策略就是微分对策的鞍点解
基于分支深度强化学习的博弈策略求解算法	1)多组并行神经网络,利于独立训练与快速处理 2)共享决策模块,有助于不同策略的集中协调	1)自主训练、独立决策 2)能与环境不断交互,适用于动态决策问题	不受初始值限制,适用于控制量耦合的边值问题,在确保均衡策略存在且唯一的前提下,快速收敛

　　打靶法是以寻求微分对策问题鞍点存在的必要性为出发点,通过不断修正初始值从而让微分方程满足边值条件的一种数值求解法。打靶法求解边值问题,不仅能够得到高精度的数值解,还能直接获得最优轨迹及对应的鞍点。航天器轨道博弈问题涉及高维边值、非线性条件和双方控制量耦合等复杂情况,然而打靶法以牛顿迭代法为核心,依赖初始值的选择,均衡策略的收敛域较小,可能难以得到收敛的追逐策略[127]。

　　配点法是将微分对策问题转换为最优控制问题,通过二次规划或梯度恢复等优化方式进行数值求解的方法。配点法在收敛性方面虽优于打靶法,但其求解时间和计算精度严重依赖于初始值,对于航天器轨道博弈问题同样面临维度爆炸、收敛域小的问题。此外,配点法将微分对策问题转换为最优控制问题的核心思想,只是从数

值角度给予了可行性分析，存在理论缺陷，难以说明收敛的策略就是轨道博弈双方微分对策的鞍点解[127,177]。

基于分支深度强化学习的博弈策略求解算法，是一种拥有多组并行神经网络和共享决策模块的智能算法。算法避免了间接法的初始值猜测问题，将轨道博弈行为的表示形式分布在多个网络分支上，通过多组并行的神经网络以实现最优策略的独立训练与快速处理，再通过共享决策模块实现对不同策略的集中协调，在确保均衡策略存在且唯一的前提下，快速收敛，从而能有效应对此类双边控制的连续动态交互问题。

（2）算法运算量对比

打靶法和配点法都属于间接法，在实际运用过程中为避免庞杂的运算量通常会与遗传算法等启发式智能算法相结合。然而，基于分支深度强化学习的博弈策略求解算法属于智能算法的范畴，其模型结构、运算流程与打靶法和配点法有较大差异，将三者的运算量直接进行比较并不能说明各方法的优劣。为了有效分析基于分支深度强化学习的博弈策略求解算法在运算效率方面的优劣，与 Q-learning 算法[232]、基于资格迹的强化学习算法[104]以及基于奖励的遗传算法[41]三种同类型、常用算法进行仿真对比。

算例仿真在 1.6 GHz、1.8 GHz 双核 CPU，8 GB RAM 计算硬件上，运用 PyCharm 仿真编译环境进行。在分支深度强化学习架构中，考虑离散行为决策无需过多的高维特征信息提取，因此采用的神经网络层数为 3，隐藏层神经元个数为 10，激活函数为 sigmoid，参数设置见表 5-3。

表 5-3　参数设置

参数	赋值
记忆库 E	6 000
训练步数 M	3 600
探索率 ε	0.3

续表

参数	赋值
折扣因子 γ	0.99
学习速率 η	0.3
采样时间 T	1 s

运用基于分支深度强化学习的博弈策略求解算法进行仿真，并与 Q - learning 算法、基于资格迹的强化学习算法以及基于奖励的遗传算法仿真结果进行对比。各算法经过 100 次自主学习，捕获时间和训练时间见表 5 - 4。其中，Q - learning 算法由于需要链式存储多个特征向量以及同时迭代更新多张 Q 表，导致其自主学习耗时较长；基于资格迹的强化学习算法将时序差分和蒙特卡洛相统一，只需要追踪一个迹向量，不再需要存储多个特征向量，大大缩减了自主学习时间，但其短期记忆特性延长了实际追捕时间；基于奖励的遗传算法，虽具有较高的实际应用性能，但却以更长的自主训练时耗为代价；本书方法在充分发挥强化学习算法自主寻优优势的同时，运用多组神经网络进行并行训练，大大缩减了自主学习耗时，并能确保在较短时间内完成追踪任务。

表 5 - 4 不同方法完成追踪任务的耗时和学习时长

算法名称	空间目标初始相对位置/km				学习时长/s
	$(-6,7)$	$(-7,-7)$	$(2,4)$	$(5,5)$	
本书算法	9.8	10.1	4.3	8.1	21.6
Q - learning 算法	10.9	12.9	4.7	8.8	258.6
基于资格迹的强化学习算法	12.6	15.6	8.5	11.3	32.0
基于奖励的遗传算法	9.7	10.5	4.5	8.4	460.8

经仿真比对，本书方法具有连续空间行为决策应用的对比优势。同样采取 ε - greedy 策略，分别运用本书方法和传统深度强化学习方

法自主学习 1 000 次，运用 TensorFlow 的 TensorBoard^① 模块对学习过程进行检测，每隔 3 次对奖惩值进行采样。图 5 - 13 所示为由 TensorBoard 生成的学习曲线，即奖惩值随学习次数的累积变化情况。由曲线分布可知，本书方法相较于传统深度强化学习方法，奖惩值的增长更明显且更为平稳。

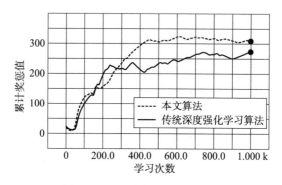

图 5 - 13　两种方法的学习曲线

5.4　本章小结

为进一步解决航天器轨道博弈策略实时规划问题，缓解深度强化学习在连续空间的应用限制，本章介绍了一种基于分支深度强化学习的博弈策略求解算法。首先，面对航天器间轨道博弈所呈现的"连续动态交互"特征，构建序贯决策博弈模型，描述了航天器轨道博弈策略实时规划问题；其次，构建近地轨道航天器间的运动模型，给出了轨道博弈的纳什均衡策略，将在轨航天器间的轨道博弈问题转述为微分对策问题；再次，构建连续空间求解的模糊推理模型，实现了连续状态经由模糊推理再到连续行为输出的映射转换，有效避免了传统深度强化学习应对连续空间存在的维数灾难问题；最后，

---

①　TensorBoard 是 TensorFlow 自带的一个强大的可视化工具，也是一个 web 应用程序套件。

介绍一种新的分支深度强化学习架构，实现了行为策略的分支训练与共享决策，避免了行为数量与映射规则的组合增长问题。案例分析表明，方法实现了最优控制与博弈论的结合，提升了深度强化学习对离散行为的学习能力，进一步解决了微分对策模型高度非线性且难于利用经典最优控制理论进行求解的难题，可实时获取航天器轨道博弈的纳什均衡策略。算法对比表明，本书算法与其他常用算法相比较，平均缩减 90％的训练耗时，奖惩值的增长速率快 17％且更为平稳，进一步改善了常规方法难以应对双边控制问题以及均衡策略收敛域较小的不足。

第6章　在轨服务任务规划系统设计及应用

本书面向在轨服务任务智能规划实际应用，进行系统建设基础、需求以及要点分析，明确在轨服务应用需求；开展任务规划系统设计，实现系统体系化、模块化、易操作、易扩展特性；进行任务规划系统案例应用，有效检验本书智能规划方法的可行性和有效性。

6.1　在轨服务任务规划系统需求

在轨服务任务规划系统，既可应用于地面模拟训练，更可服务于在轨服务应用。在轨服务任务规划系统，不仅可以检验任务规划方法，更重要的是对于推广技术成果，完善在轨服务任务规划体系，论证和指导研制航天器在轨服务任务自主规划系统的发展建设，都具有重要的现实意义。

6.1.1　任务规划系统建设之基

在轨服务任务规划系统，服务于航天领域，服务于太空多样化的使命任务。唯有了解任务规划特征和系统建设背景，才有可能研制出符合未来在轨服务特点、适应航天应用需要的实用软件；只有在充分把握本质特点和发展需求的基础上，瞄准在轨服务任务规划关键问题，才能找到攻克难题的法宝。

（1）规划特征

在轨服务任务规划，由于所在环境、执行方法以及实现方式特殊，具有独有的特征规律：一是以预胜惰，即谋略制胜，注重预先设计，预先谋划；二是以快制慢，即速度制胜，力争下达即实施，自动规划；三是以明制暗，即信息制胜，考虑多限制条件，多约束优化；四是以精制粗，即精确制胜，谋求精准实施。

（2）建设背景

基于任务规划特征，结合在轨服务发展，在轨服务任务规划系统的建设背景，一是航天器在轨目标分配的需要，如目标分配、力量分配等；二是轨道机动路径规划的需要，如轨道设计、轨迹优化和轨道规避等；三是服务实施行动规划的需要，如轨道博弈、操控实施和策略规划等。

（3）本质特点

在轨服务任务规划是航天应用和智能技术发展"双驱动"的结果，其本质特点可归纳为"四性四化"。"四性"：一是前瞻性，即事前规划，体现未雨绸缪；二是融合性，即多目标规划，体现深思熟虑；三是自主性，即智能规划，体现全智全能；四是精确性，即精准规划，体现不失毫厘。"四化"：一是标准化，主要表现在数据信息和模型算式；二是流程化，主要表现在指挥、任务和执行的程序化；三是自动化，主要表现在任务规划的自动实施；四是智能化，主要体现在交互博弈的自主决策。

（4）发展需求

针对航天技术特点规律和在轨服务样式的不断拓展，在轨服务任务规划发展需求主要体现为：一是目标分配由"一对多"或"多对一"单一模式向复合服务模式拓展；二是任务规划由事前规划向临时规划以及实时规划拓展；三是评估优化由单目标要素向多目标全要素拓展；四是策略生成由人工辅助向智能规划拓展。

6.1.2　任务规划系统建设之需

在轨服务任务是推动任务规划系统建设的不竭动力。脱离在轨服务任务的实际需求，孤立僵化或闭门造车，均难以发挥任务规划系统的最大效能。唯有把任务规划技术与实际需求相捆绑，紧跟发展、技术、应用需求，瞄准未来在轨服务的及时性和自主性，将系统思维、技术思维、创新思维紧密集合，按照在轨服务任务的本质需求研制系统，才能使规划技术与在轨服务任务相适应。

（1）全局筹划的谋略需求

在轨服务是国家层面的行为，具有很强的全局性。在轨服务任务规划，需要纵观国际太空形式、国家发展需求，把握任务背景、服务目标以及指标需求，对其任务规划具有较高要求。

（2）局部谋划的精准需求

在轨服务任务要求对太空态势精准把握，对太空环境精细分析，对宝贵的航天资源精密规划，对轨道转移精确实施，"细算、深算、智算"已成为在轨服务任务规划的必然要求。

（3）在轨动态规划的时效需求

在轨服务任务及时性强、转移速度快、机动能力强，从信息获取到实施服务，时效有限，服务时间窗口要求高，这对在轨动态规划的时效性要求明显。

（4）在线实时规划的自主需求

在轨服务任务规划是从地面到在轨、从预定到确定、从离线到在线、从事前到实时的复杂过程。整个任务规划过程包括了接受任务制定方案、任务分配完善细化、策略规划调整修订，对任务规划自动完善、迭代求精、自主生成的需求日益明显。

6.1.3　任务规划系统建设之要

在轨服务任务规划系统建设，作为任务规划方法技术的应用实现，需要进一步转变思想观念，进一步完善机制体制，进一步突破关键技术。当前，应把握系统建设的着力点，不断推进信息化、智能化条件下的技术创新，促进航天技术应用扎实推进。

（1）进一步转变思想观念

思想观念是建设和运用任务规划系统的先导。一是从手工计划到自动规划，体现从主观到客观的转变；计算机自动规划比人为手工计划更强调依据约束条件，更注重运用科学的方式手段获得最优的实现途径，更具客观性。二是从单目标规划到多目标规划，体现从局部到全局的转变；多目标规划比单目标规划考虑更多的在轨资源、更多的目标情况、更多的约束条件，更注重任务规划覆盖全要素、全流程，更具真实性。三是从静态规划到动态规划，体现从静态到动态的转变；动态规划比静态规划更强调时间对决策起的决定性作用，更注重航天器的先后次序，更具动态性。

（2）进一步完善体制机制

完善的体制机制是任务规划系统有效应用的基本保证。一是指控分离的控制体制；适应信息化条件下航天技术应用特点，建立指控分离的管理体制，优化联合指控编组，合理区分指控功能和权限，为科学规划奠定基础。二是主用主建的行政体制；根据在轨服务特殊性，结合航天领域独特性，应建立健全由指控部门需求牵引、实操单位牵头实施、工业部门研制管理的任务规划系统建设管理使用体制，从需求到使用再到研制形成闭环回路，确保所研制的任务规划系统能用、好用、管用。三是上下衔接的技术体制；自上而下统一、衔接各级任务规划系统的系统环境、软件平台、接口标准、数据传输、模型方法，确保各级系统易连接、易通信、易使用、易协同。

（3）进一步突破关键技术

先进的关键技术是任务规划系统长久发展的重要支撑。一是面向在轨服务复合服务模式的目标分配技术；重点研究能够有效解决此类非线性组合优化问题的目标分配技术方法，从而有效区分对待各服务目标，兼顾执行效益与能耗效率，快速寻得问题最优解，使目标分配有助精巧制胜，提升航天器在轨决策效率。二是应对空间碎片突然临近的轨道规避路径规划技术；重点研究能够有效解决此类多限制最短路径问题的路径规划技术方法，从而有效兼顾目标规避和轨道保持，满足不同任务的需求与偏好，使轨道规避助推机敏制胜，提升航天器在轨主动防御能力。三是面对非合作目标的轨道博弈策略规划技术；重点研究能够有效解决此类动态博弈问题的策略规划技术方法，从而有效解决微分对策模型高度非线性且难于利用经典最优控制理论进行求解的难题，使动态博弈助力智控制胜，提升航天器在轨自主服务水平。

6.2　在轨服务任务规划系统设计

以任务规划在航天系统领域的广泛应用为背景，设计在轨服务任务规划系统。在系统体系架构层面，设计应用集成、网络集成；在系统功能架构层面，构建支持层、功能层和应用层；在系统操控页面方面，设计系统登录、系统功能、数据录入和效果展示等页面。

6.2.1　系统体系框架

在轨服务任务规划系统集成包括应用集成和网络集成。其中，应用集成包含平台集成和环境集成，网络集成包含逻辑网络和物理网络。系统集成的体系框架如图 6-1 所示。

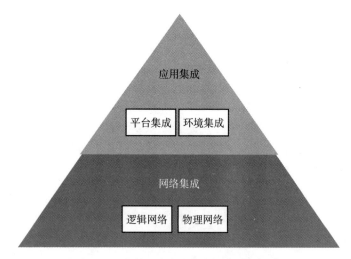

图 6-1　在轨服务任务规划系统体系框架

（1）应用集成

应用集成是将基于各种不同平台、不同方案建立的计算、显示设备，按照系统应用目的有机地集成到一个无缝、并列、独立运行、易于访问的太空环境中，并可按应用方式进行功能划分。

依照"科学、合理、精简、利于使用、便于管理"的原则，在轨服务任务规划系统的应用集成环境遵循"实验、推演、演练"三位一体的构建思路。应用集成环境的席位布设如图 6-2 所示，设有空间目标模拟区、航天器操控模拟区和推演评估区，各区域设有数据信息处理、任务规划、地面管控模拟、轨道操控模拟和结果处理与分析等席位。

（2）网络集成

考虑在轨服务任务规划系统具有多席位节点和可扩展服务器节点，其系统总体采用二层网络结构。其中，接入层交换机带宽较低，分别与各席位和存储连接，并与核心交换机相连。核心交换机带宽较高，与接入层交换机、服务器和外部系统网络连接。逻辑上，将各席位按照空间目标模拟区、航天器操控模拟区和推演评估区分为三个网段，刀片服务器一个网段，存储/应用服务器一个网段。

图 6-3 所示为在轨服务任务规划系统的逻辑网络结构，其核心层是网络高速交换的主干，对整个网络的性能至关重要，其特殊性主要包括高速交换、高可靠性、低时延等特性。接入层是各席位接入点，该层能够通过过滤和访问控制列表提供对席位的进一步操作。

在轨服务任务规划系统中的所有网络传输都采用有线传输。空间目标模拟区部署一台接入层交换机和若干席位客户机，航天器操控模拟区部署一台接入层交换机和若干台席位客户机，推演评估区部署一台接入层交换机和若干台席位客户机，设备机房部署一台核心交换机、一组刀片服务器、一台接入层交换机、两台服务器（存储、

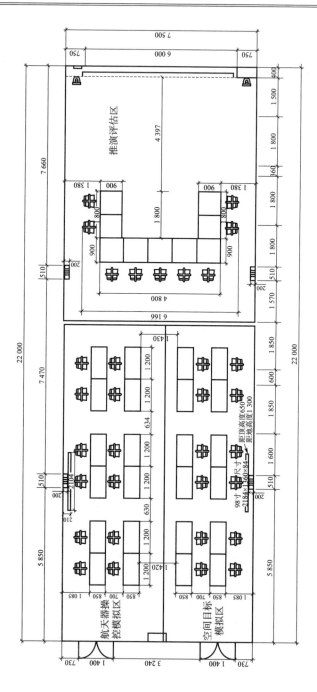

图 6 - 2　应用集成环境席位布设示意图

应用）和一组固态存储。其中，接入层交换机与客户机、接入层交换机与存储/应用服务器、接入层交换机与存储、刀片服务器与核心交换机之间用双绞线相连，核心交换机与接入层交换机用光纤相连。

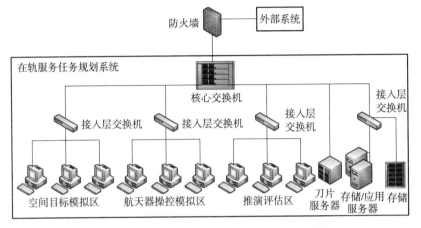

图 6-3　在轨服务任务规划系统的逻辑网络结构

6.2.2　系统功能架构

（1）系统架构

基于在轨服务任务规划的应用需求及核心方法，确定系统架构组成。将在轨服务任务规划系统的整体架构划分为支持层、功能层和应用层。支持层为在轨服务任务规划提供相关的数据库，包括在轨服务知识库、空间目标数据库、太空环境数据库、轨道动力学模型库以及基础模型数据库等。功能层为在轨服务任务提供必要以及关键的规划方法与处理手段，包括航天器在轨目标分配、轨道机动路径规划、服务实施行动规划。应用层为在轨服务任务规划系统应用的场景，系统可支持的在轨任务样式。在轨服务任务规划系统架构如图 6-4 所示。

（2）功能流程

针对在轨服务任务需求，依据任务规划系统的架构设计，将在轨服务任务规划的功能流程划分为三个阶段：规划准备阶段、任务

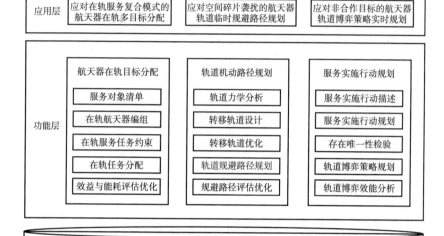

图 6-4　在轨服务任务规划系统架构

规划阶段和评估优化阶段。规划准备阶段是在在轨服务任务规划之前，根据受领任务，形成太空环境、对象数据和任务清单，为任务规划提供数据和支持。任务规划阶段是在确定服务目标、了解掌握空间环境的基础上，完成目标分配、轨道设计，并针对任务执行中可能遇到的突发情况完成规避轨道路径和轨道博弈等策略的预规划。评估优化阶段通过基于航天器与空间目标服务仿真的评估反馈机制，构成"规划—评估—优化—再规划"闭环，完善规划策略及方案，形成自动规划、自动评估、自动优化的任务规划系统。在轨服务任务规划功能流程如图 6-5 所示。

（3）操控流程

在轨服务任务规划系统的主体操控流程如图 6-6 所示。1）监视系统运行状态数据，确保系统当前状态正常、稳定；2）创建运行实例，明确在轨服务任务的规划内容；3）选择想定文书，明确任务背景，构建案例想定；4）关联相关系统，根据在轨服务实验或地面

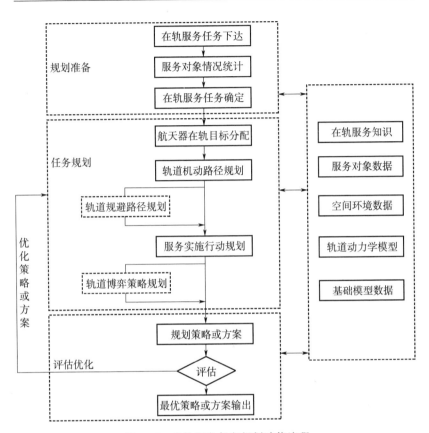

图 6-5　在轨服务任务规划功能流程

模拟训练类型，关联地面运控系统、星上系统或数字卫星系统等相关系统；5) 启动运行进程，根据任务执行相关规划方法，分布式开启模型进程；6) 开启/暂停/加速/减速/跳时，根据任务需求和仿真进程，选择或开启超实时仿真模式；7) 发送场景干预事件，根据空间碎片来袭等临时突发事件，执行航天器轨道临时规避路径规划或航天器轨道博弈策略实时规划。

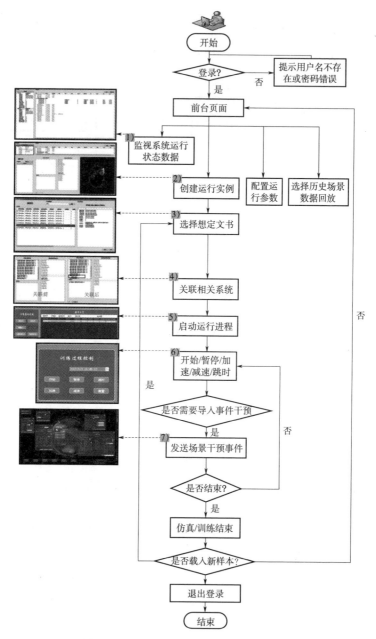

图 6-6 在轨服务任务规划系统操控流程

6.3　在轨服务任务规划系统应用

未来在轨服务任务的服务模式复杂多样,突发情况让人措手不及。在轨服务任务系统的优劣一定程度上取决于服务任务规划实际应用,以保证各类任务规划有序进行、互不干扰,最大限度发挥自动、自主优势。系统应用的目的就是对在轨服务任务规划研究成果进行实验验证,以检验其在目标分配、轨道规避以及轨道博弈中的可行性、适用性和有效性。

6.3.1　背景想定

20××年,随着对空间研究、开发与应用能力的不断提升,各国相继研制并发射了大量面向各种任务要求的航天器,航天器的结构、组成日趋复杂,性能、技术水平不断提高。在这种情况下,为了确保在轨航天器能够在空间环境中更加持久、稳定、高质量地在轨运行,开展了相应的在轨服务任务。

6.3.1.1　服务目标

根据在轨服务需求,现有 10 颗重要同步轨道卫星急需开展在轨服务,各卫星轨道根数见表 6-1。表中,e 为离心率;i 为轨道倾角;Ω 为升交点黄道经度;ω 为近心点角;τ 为真近点角。

表 6-1　服务目标的轨道根数

序号	目标代号	e	$i/(°)$	$\Omega/(°)$	$\omega/(°)$	$\tau/(°)$
1	目标 1	0.001 3	0	0	235.408 0	65.576 3
2	目标 2	0.001 1	0	0	228.155 3	90.470 3
3	目标 3	0.001 4	0	0	8.029 4	100.930 5
4	目标 4	0.000 9	0	0	214.263 7	110.823 7
5	目标 5	0.000 5	0	0	183.858 7	117.095 1
6	目标 6	0.000 3	0	0	332.982 5	126.556 4

续表

序号	目标代号	e	$i/(°)$	$\Omega/(°)$	$\omega/(°)$	$\tau/(°)$
7	目标7	0.000 7	0	0	53.883 3	138.072 7
8	目标8	0.001 2	0	0	246.486 4	190.272 9
9	目标9	0.001 3	0	0	271.291 2	210.311 6
10	目标10	0.001 9	0	0	274.604 7	236.420 9

经过对服务目标的前期分析，估计各服务目标的服务优先级，见表6-2。

表6-2　服务优先级估计

序号	目标代号	优先级
1	目标1	0.5
2	目标2	0.5
3	目标3	0.5
4	目标4	0.6
5	目标5	0.6
6	目标6	0.6
7	目标7	0.5
8	目标8	0.5
9	目标9	0.6
10	目标10	0.9

6.3.1.2　在轨航天器

遵照在轨服务需求，组织在轨航天器1、航天器2和航天器3参与此次任务，各轨道根数见表6-3。在轨航天器质量均为2 500 kg、初始真近点角为0°、推进系统比冲为300 s。各航天器的服务成功概率、服务能力指数以及成功概率门限见表6-4。

表 6 - 3 在轨航天器的轨道根数

序号	航天器序号	e	$i/(°)$	$\Omega/(°)$	$\omega/(°)$	$\tau/(°)$
1	航天器 1	0.001	0	0	296	25.39
2	航天器 2	0.001	0	0	274	23.13
3	航天器 3	0.001	0	0	280	24.96

表 6 - 4 在轨航天器服务能力数据

序号	卫星代号	服务成功概率			服务能力指数			成功概率门限		
		航天器 1	航天器 2	航天器 3	航天器 1	航天器 2	航天器 3	航天器 1	航天器 2	航天器 3
1	目标 1	0.70	0.68	0.73	90	89	93	0.69	0.69	0.69
2	目标 2	0.72	0.71	0.70	92	91	90	0.69	0.69	0.69
3	目标 3	0.73	0.72	0.76	93	91	94	0.69	0.69	0.69
4	目标 4	0.67	0.66	0.69	88	86	87	0.69	0.69	0.69
5	目标 5	0.66	0.66	0.73	86	87	87	0.69	0.69	0.69
6	目标 6	0.71	0.70	0.77	91	89	90	0.69	0.69	0.69
7	目标 7	0.75	0.73	0.70	95	93	93	0.75	0.75	0.75
8	目标 8	0.77	0.75	0.80	97	95	96	0.75	0.75	0.75
9	目标 9	0.73	0.67	0.81	93	93	91	0.75	0.75	0.75
10	目标 10	0.85	0.86	0.85	94	95	96	0.85	0.85	0.85

6.3.1.3 情况设置

从多情况、多条件检验本书方法有效性的角度出发，对整个在轨服务任务规划应用设置了三类特殊情况，分别为轨道共面情况、空间碎片袭扰以及非合作目标。

(1) 轨道共面情况

航天器在轨目标分配过程中，需要综合考虑速度冲量、燃料消耗以及执行效益等诸多因素，其中航天器所在轨道与目标轨道是否共面将影响目标分配策略的生成。为此，应用仿真中分别考虑了航天器与目标共面和非共面两种情况。

（2）空间碎片袭扰

航天器在轨道机动以及服务实施过程中，随时有面临空间碎片袭扰的风险，为此在应用仿真中设置了空间碎片袭扰的情况。假设航天器转移轨道平面临时出现一空间碎片，飞行速度 $[-0.763\quad 0.763]^{\mathrm{T}}$ km/s，朝着航天器转移轨道逼近。此外，规避偏好是影响航天器轨道规避路径生成的重要因素，因此在案例仿真中分类、分情况考虑了不同规避偏好需求下的规避路径生成问题。

（3）非合作目标

航天器在服务实施过程中，极有可能面对非合作目标，为此在应用仿真中设置了非合作目标的情况。此外，航天器与空间目标不同的轨位初始状态是制约策略生成的重要因素，因此在应用仿真中从多种轨位状态、不同初始状态出发检验了航天器轨道博弈策略实时规划能力。

6.3.2　仿真与验证

在轨服务任务规划是一多环节、多因素、多情况的复杂决策过程，本节将重点针对在轨服务过程中存在的三类特殊情况，运用本书提出的规划方法，通过应用仿真以验证方法的可行性与有效性。

6.3.2.1　航天器在轨目标分配

航天器在轨目标分配，虽根据具体在轨服务任务而定，但在目标分配阶段就需充分考虑后续的轨道转移过程及成本，从而生成鲁棒性强的分配方案。为有效验证本书方法，下面从航天器与目标共面和非共面两个方面设定了任务场景，以检验方法解决目标分配问题的有效性。

（1）航天器与目标共面

当航天器 1、航天器 2、航天器 3 与 10 颗空间目标位于同一轨道平面时，其在轨目标分配过程只需考虑航天器与空间目标间的共面轨道转移问题。根据轨道力学理论及方法，可事前设计、仿真共面轨道间的转移轨道。在此以脉冲推力轨道机动方式为例，图 6-7

设计、仿真了航天器 1 从初始轨道至目标所在地球静止轨道的最优
转移轨道。

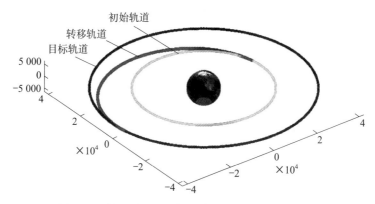

图 6 - 7　航天器 1 至目标的共面转移轨道（见彩插）

航天器 1 依照转移轨道机动至目标所在轨道，其轨道根数变化
情况如图 6-8 所示。其中，由于航天器 1 与目标轨位共面，其转移
轨道参数的升交点赤经和轨道倾角均保持为 0，其他参数随转移轨道
轨迹的变化而变化。

依据航天器 1 至目标轨位的最优转移轨道，计算得到各轨道转
移参数，见表 6-5。

表 6 - 5　航天器 1 至目标共面轨道转移的速度、燃耗参量

初始轨道速度/(km/s)	目标轨道速度/(km/s)	近拱点速度冲量/(km/s)	远拱点速度冲量/(km/s)	第一脉冲燃料消耗量/kg	第二脉冲燃料消耗量/kg	燃料总消耗量/kg
3.875 1	3.067 1	0.422	0.375 1	333.951	259.222	593.173

由于航天器 2、航天器 3 的轨道同样跟目标轨道共面，其转移轨
道形态以及轨道参数变化大致跟航天器 1 相似，在此不再复述。同
样，依据各自的最优转移轨道，航天器 2 至目标轨道的轨道转移参
数见表 6-6，航天器 3 至目标轨道的轨道转移参数见表 6-7。

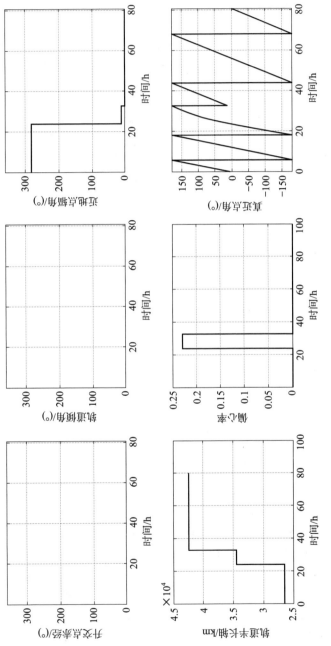

图 6 - 8　共面转移轨道的轨道根数变化情况（见彩插）

表 6 - 6　航天器 2 至目标共面轨道转移的速度、燃耗参量

初始轨道速度/(km/s)	目标轨道速度/(km/s)	近拱点速度冲量/(km/s)	远拱点速度冲量/(km/s)	第一脉冲燃料消耗量/kg	第二脉冲燃料消耗量/kg	燃料总消耗量/kg
3.794	3.0671	0.380	0.342	303.080	240.768	543.848

表 6 - 7　航天器 3 至目标共面轨道转移的速度、燃耗参量

初始轨道速度/(km/s)	目标轨道速度/(km/s)	近拱点速度冲量/(km/s)	远拱点速度冲量/(km/s)	第一脉冲燃料消耗量/kg	第二脉冲燃料消耗量/kg	燃料总消耗量/kg
3.784	3.0671	0.373	0.336	297.629	237.405	535.034

　　将上述轨道参量纳入航天器在轨目标分配过程，依第 3 章所述将执行效益和能耗效率作为优化目标，通过航天器在轨目标分配方法进行自主分配。如表 6 - 8 所示，以全 0 矩阵初始化目标分配状态①，代入目标分配模型，此时无资源投入，不符合任务要求，进而通过航天器在轨目标分配流程进行自主训练。训练过程中，状态②高资源投入使得能耗效率低，综合效益达到最低值；状态③符合各项约束，但综合效益非最大。通过多次自主学习、多轮迭代后，方法收敛至状态④，所提供策略既满足各项任务要素，又实现综合效益最大化，是该状态下最优的分配策略，即目标 1 至目标 6 由航天器 1 服务，目标 7 至目标 9 由航天器 2 服务，目标 10 由航天器 3 服务。

表 6 - 8　航天器在轨目标分配过程

状态		目标分配策略	能耗效率	综合效益
①	初始化	$\begin{bmatrix} 0 & 0 & 0 & 0 & 0 & 0 & 0 & 0 & 0 & 0 \\ 0 & 0 & 0 & 0 & 0 & 0 & 0 & 0 & 0 & 0 \\ 0 & 0 & 0 & 0 & 0 & 0 & 0 & 0 & 0 & 0 \end{bmatrix}$	0.99	0

续表

状态		目标分配策略	能耗效率	综合效益
②	过程状态	$\begin{bmatrix} 1 & 1 & 1 & 1 & 1 & 1 & 1 & 1 & 1 & 1 \\ 1 & 1 & 1 & 1 & 1 & 1 & 1 & 1 & 1 & 1 \\ 1 & 1 & 1 & 1 & 1 & 1 & 1 & 1 & 1 & 1 \end{bmatrix}$	0.01	0.99
③		$\begin{bmatrix} 1 & 1 & 1 & 1 & 1 & 0 & 0 & 0 & 0 & 0 \\ 0 & 0 & 0 & 0 & 0 & 0 & 0 & 0 & 0 & 1 \\ 0 & 0 & 0 & 0 & 0 & 0 & 1 & 1 & 1 & 0 \end{bmatrix}$	0.90	0.91
④	最佳策略	$\begin{bmatrix} 1 & 1 & 1 & 1 & 1 & 1 & 0 & 0 & 0 & 0 \\ 0 & 0 & 0 & 0 & 0 & 0 & 1 & 1 & 1 & 0 \\ 0 & 0 & 0 & 0 & 0 & 0 & 0 & 0 & 0 & 1 \end{bmatrix}$	0.97	0.98

结论：对于航天器与空间目标位于同一轨道面的情况，航天器在轨目标分配只需重点考虑航天器轨道转移速度冲量以及燃料消耗等因素的影响，依据本书所提的航天器在轨目标分配方法能够实现对目标的最优分配。

（2）航天器与目标非共面

当有航天器与空间目标位于不同的轨道平面时，航天器在轨目标分配过程则需要考虑非共面轨道转移问题。在此，以航天器3与目标所在地球静止轨道非共面为例进行说明。设置位于非共面轨道的航天器3，并将其轨道根数更新见表6-9。依据轨道力学理论及方法，图6-9设计、仿真了航天器3从初始轨道至目标所在地球静止轨道的非共面转移轨道。

表6-9　航天器3轨道根数更新

序号	航天器序号	e	$i/(°)$	$\Omega/(°)$	$\omega/(°)$	$\tau/(°)$
1	航天器3	0.001	20	10	270	25.35

航天器3从非共面轨道机动至目标所在地球静止轨道，其轨道根数变化情况如图6-10所示。其中，由于航天器3与目标轨道非

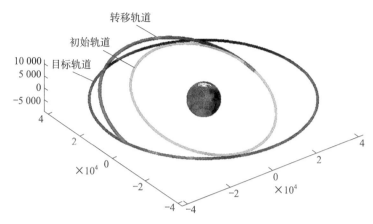

图 6-9　航天器 3 至目标的非共面转移轨道

共面，其转移轨道参数的升交点赤经和轨道倾角有一个从非共面向共面转变的过程，其他参数将随着转移轨道轨迹的变化而变化。

依据航天器 3 至目标轨位的最优转移轨道，计算得各轨道转移参数，见表 6-10。

表 6-10　航天器 3 至目标非共面轨道转移的速度、燃耗参量

初始轨道速度/（km/s）	目标轨道速度/（km/s）	近拱点速度冲量/（km/s）	远拱点速度冲量/（km/s）	第一脉冲燃料消耗量/kg	第二脉冲燃料消耗量/kg	燃料总消耗量/kg
3.784	3.067 1	1.059	0.786	783.225	514.41	1 297.635

通过航天器在轨目标分配方法计算，发现之前的分配策略所得到的执行效益跟燃耗效率值均有所下降。这是由航天器 3 与目标轨道非共面，其轨道转移需要更高的速度冲量，消耗更多的燃料导致的。通过方法重新计算，获得了当前状态下的最优分配策略（见表 6-11），即目标 10 由航天器 2 进行服务，其余目标由航天器 1 进行服务。

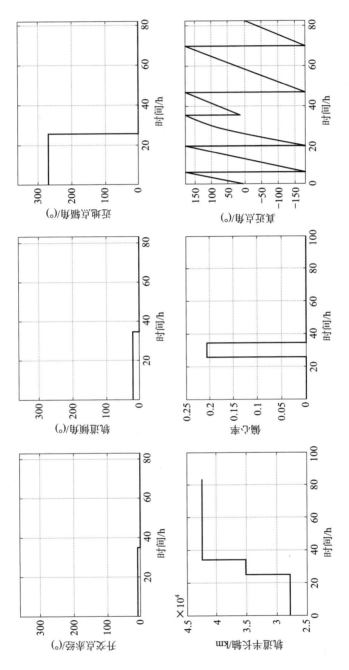

图 6-10 非共面转移轨道的轨道根数变化情况（见彩插）

表 6 - 11　航天器在轨目标分配过程

状态		目标分配策略	能耗效率	综合效益
①	初始化	$\begin{bmatrix} 0 & 0 & 0 & 0 & 0 & 0 & 0 & 0 & 0 & 0 \\ 0 & 0 & 0 & 0 & 0 & 0 & 0 & 0 & 0 & 0 \\ 0 & 0 & 0 & 0 & 0 & 0 & 0 & 0 & 0 & 0 \end{bmatrix}$	0.99	0
②	过程状态	$\begin{bmatrix} 1 & 1 & 1 & 1 & 1 & 1 & 1 & 1 & 1 & 1 \\ 1 & 1 & 1 & 1 & 1 & 1 & 1 & 1 & 1 & 1 \\ 1 & 1 & 1 & 1 & 1 & 1 & 1 & 1 & 1 & 1 \end{bmatrix}$	0.01	0.99
③		$\begin{bmatrix} 1 & 1 & 1 & 1 & 1 & 1 & 0 & 0 & 0 & 0 \\ 0 & 0 & 0 & 0 & 0 & 0 & 1 & 1 & 1 & 0 \\ 0 & 0 & 0 & 0 & 0 & 0 & 0 & 0 & 0 & 1 \end{bmatrix}$	0.92	0.89
④	最佳策略	$\begin{bmatrix} 0 & 0 & 0 & 0 & 0 & 0 & 0 & 0 & 0 & 1 \\ 1 & 1 & 1 & 1 & 1 & 1 & 1 & 1 & 1 & 0 \\ 0 & 0 & 0 & 0 & 0 & 0 & 0 & 0 & 0 & 0 \end{bmatrix}$	0.98	0.97

结论：非共面轨道转移由于需要更大的速度冲量，消耗更多的燃料，对航天器在轨目标分配策略生成有较大影响。本书所提方法能够应对不同场景、多种轨道状态，为在轨航天器制定最佳的目标分配策略。

通过在轨服务任务规划系统可构建航天器对各目标的在轨服务指派关系，可展现在轨服务目标分配的动态效果。如图 6 - 11 所示，其中红色曲线为航天器运行轨道，黄色曲线为目标卫星运行轨道，其余曲线为航天器与各目标的服务应对关系，整体指派关系直观、可视化效果较好。

6.3.2.2　航天器轨道临时规避路径规划

依照目标分配策略，航天器 3 收到地面中心指令，驶离原轨道进入空间转移轨道并向目标 10 抵近。航天器 3 在轨道机动以及服务实施过程中，依据情况设置将突遇未知空间碎片的袭扰。因此，需要运用航天器轨道临时规避路径规划方法，为航天器及时规划出最优紧急规避路径。为有效验证本书方法，本小节从单因素和复合因

图 6-11　　在轨服务任务规划系统中的目标分配效果示例（见彩插）

素两个方面设定了不同的**任务偏好**，以检验方法解决轨道规避问题的有效性。

（1）满足单因素偏好的**路径规划**

对于单因素偏好，航天器轨道临时规避路径规划将分别重点考虑规避安全、轨道保持、制动时效以及燃料消耗等因素，以获得满足不同偏好的最优规避路径。

1）重点考虑规避安全因素。

航天器在规避空间碎片过程中，重点考虑规避安全因素，控制规避机动加速度的变化率以提升航天器的飞行稳定性。由此，在航天器轨道临时规避路径规划中，将令指标权重 $\gamma_J = 1$，$\gamma_D = 0$，$\gamma_T = 0$，$\gamma_R = 0$，以获得重点考虑规避安全因素的最优规避路径，该路径如图 6-12 所示。该规避路径能够很好地考虑规避安全因素，顺利规避空间碎片并沿参考线方向行进，预计消耗燃料 6.332 kg。

2）重点考虑轨道保持因素。

航天器规避空间碎片过程中，重点考虑轨道保持因素，即最小化横向偏移量以减少航天器与既定转移轨道的偏差。由此，在航天器轨道临时规避路径规划中，将令指标权重 $\gamma_J = 0$，$\gamma_D = 1$，$\gamma_T = 0$，$\gamma_R = 0$，以获得重点考虑轨道保持因素的最优规避路径，该路径如

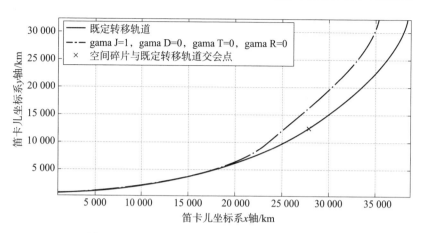

图 6-12　重点考虑规避安全因素的最优规避路径

图 6-13 所示。该规避路径能够很好地控制横向偏移量，在顺利规避空间碎片的同时尽可能沿既定转移轨道继续行进，预计消耗燃料 19.815 kg。

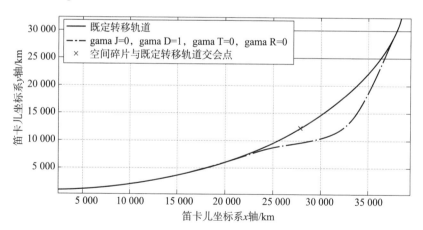

图 6-13　重点考虑轨道保持因素的最优规避路径

3）重点考虑制动时效因素。

在航天器规避空间碎片的过程中，重点考虑制动时效因素，即最优化航天器制动时间以尽快采取规避行为。由此，在航天器轨道临时规避路径规划中，将令指标权重 $\gamma_J=0$，$\gamma_D=0$，$\gamma_T=1$，$\gamma_R=0$，以获得重点考虑制动时效因素的最优规避路径，该路径如图 6-14 所示。该规避路径能够很好地控制航天器制动时间，在发现空间碎片后尽快采取规避行为以确保航天器自身安全，预计消耗燃料 12.380 kg 。

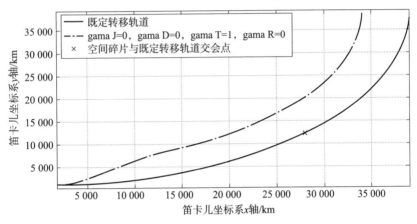

图 6-14　重点考虑制动时效因素的最优规避路径

4）重点考虑燃料消耗因素。

在航天器规避空间碎片的过程中，重点考虑燃料消耗因素，即最优化航天器推进器的燃料消耗。由此，在航天器轨道临时规避路径规划中，将令指标权重 $\gamma_J=0$，$\gamma_D=0$，$\gamma_T=0$，$\gamma_R=1$，以获得重点考虑燃料消耗因素的最优规避路径，该路径如图 6-15 所示。该规避路径能够很好地控制航天器燃料消耗，在顺利规避空间碎片的同时为航天器选择燃料消耗最小的规避路径，预计消耗燃料 6.076 kg 。

如图 6-16 所示，将满足各单因素偏好的规避路径放在同一场景中。对比各规避路径可知，重点考虑规避安全因素所得的规避路径，能够更好地控制航天器机动加速度变化率，使得规避机动更为稳定；重点考虑轨道保持因素所得的规避路径，能够更好地控制航

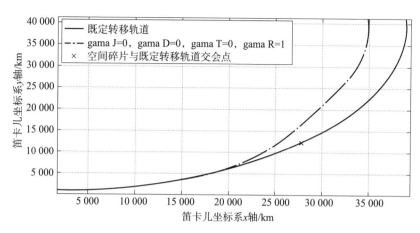

图 6-15　重点考虑燃料消耗因素的最优规避路径

天器偏离既定转移轨道的距离，降低航天器在未知空域的不确定性风险系数；重点考虑制动时效因素所得的规避路径，能够更好地控制航天器规避空间碎片的制动时效，尽早采取规避行为；重点考虑燃料消耗因素所得的规避路径，能够更好地控制航天器规避机动的燃料消耗，获得燃料消耗最少的路径。

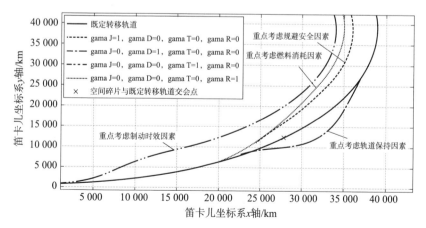

图 6-16　单因素偏好下的航天器最优规避路径（见彩插）

结论：本书提出的航天器轨道临时规避路径规划方法，能够依据设定的不同规避偏好，为航天器规划出满足不同偏好的最优规避路径。

（2）满足复合因素偏好的路径规划

对于复合因素偏好，在轨道规避路径规划中考虑不同权重比例的复合偏好，以获得满足不同偏好的最优规避路径。

1）偏向燃料消耗的复合偏好。

航天器在规避空间碎片过程中，同时考虑规避安全、轨道保持、制动时效以及燃料消耗因素。对于更为偏向燃料消耗的复合偏好，即对燃料消耗偏好的权重相对更大，将令指标权重 $\gamma_J = 0.2$，$\gamma_D = 0.2$，$\gamma_T = 0.1$，$\gamma_R = 0.5$，以获得偏向燃料消耗复合偏好的最优规避路径，该路径如图 6 - 17 所示。该规避路径在重点考虑燃料消耗的同时兼顾了规避安全、轨道保持、制动时效因素，获得比单偏好因素规避路径效果更优的规避路径，预计消耗燃料 8.834 kg。

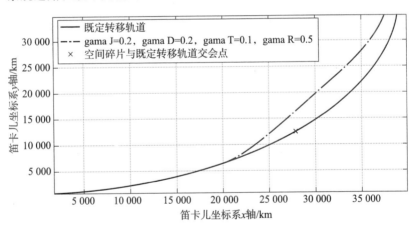

图 6 - 17　偏向燃料消耗复合偏好的最优规避路径

2）偏向轨道保持的复合偏好。

对于更为偏向轨道保持的复合偏好，即对轨道保持偏好的权重相对更大，将令指标权重 $\gamma_J = 0.2$，$\gamma_D = 0.4$，$\gamma_T = 0.1$，$\gamma_R = 0.3$，

以获得偏向轨道保持复合偏好的最优规避路径，该路径如图 6-18
所示。该规避路径在重点考虑轨道保持的同时兼顾了规避安全、燃料消耗、制动时效因素，使得规避路径在顺利规避目标后能够快速回到既定转移轨道，整个过程预计消耗燃料 9.502 kg。

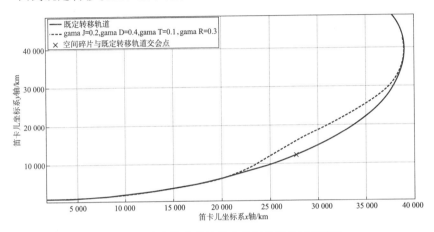

图 6-18　偏向轨道保持复合偏好的最优规避路径

3）偏向轨道保持与规避安全的复合偏好。

对于更为偏向轨道保持与规避安全的复合偏好，即对轨道保持和规避安全偏好的权重相对更大，将令指标权重 $\gamma_J = 0.3$，$\gamma_D = 0.5$，$\gamma_T = 0.1$，$\gamma_R = 0.1$，以获得偏向轨道保持与规避安全复合偏好的最优规避路径，该路径如图 6-19 所示。该规避路径能够更为注重轨道保持与规避安全因素，获得规避路径效果更优的规避路径，预计消耗燃料 10.996 kg。

如图 6-20 所示，将满足各复合因素偏好的规避路径放在同一场景中。对比各规避路径可知，偏向燃料消耗复合偏好所得的规避路径，能够获得节省燃料且兼顾轨道保持以及制动时效的规避路径；偏向轨道保持复合偏好所得的规避路径，能够更好地满足目标规避、轨道保持、制动灵活以及燃料节省的综合指标；偏向轨道保持与规避安全复合偏好所得的规避路径，则可更进一步降低不确定性风险、

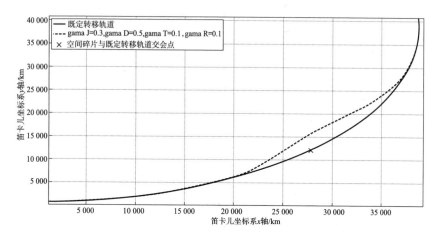

图 6-19　偏向轨道保持与规避安全复合偏好的最优规避路径

实现向既定转移轨道的快速恢复，但这需要以更高的燃料消耗作为代价。

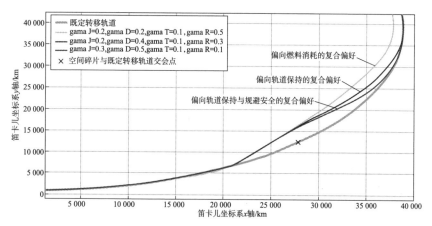

图 6-20　复合因素偏好下的航天器最优规避路径（见彩插）

结论：本书提出的航天器轨道临时规避路径规划方法，能够针对轨道规避问题同时考虑多种偏好因素，并能通过对各偏好权重的灵活设置获得满足不同偏好需求的最优规避路径。

通过在轨服务任务规划系统可规划航天器轨道临时规避路径，可展现航天器实时规避动态效果。如图 6 - 21 所示，其中黄色轨迹为航天器既定空间转移轨道，红色曲线为航天器最优规避路径，整个规避路径直观、可视化效果较好。

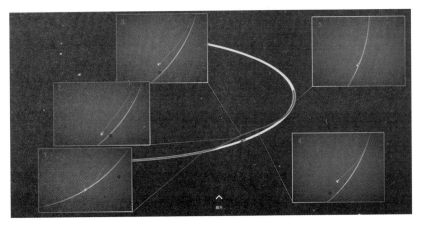

图 6 - 21　在轨服务任务规划系统中的轨道规避效果示例（见彩插）

6.3.2.3　航天器轨道博弈策略实时规划

航天器在执行在轨服务任务过程中面对非合作目标，需要运用航天器轨道博弈策略实时规划方法，为航天器及时规划出最优追踪策略。为有效验证本书方法，下文考虑了航天器与空间目标多种不同的初始状态，以检验方法解决轨道博弈问题的有效性。

（1）目标位于左前方

当空间目标与航天器在同一轨道平面，位于航天器左前方时，航天器与空间目标的初始状态参数见表 6 - 12。

表 6 - 12　航天器与空间目标的初始状态（目标位于左前方）

	x /km	y /km	z /km	$\dot{x}$ /(km/s)	$\dot{y}$ /(km/s)	$\dot{z}$ /(km/s)
P	0	0	0	−0.049 6	0.041 8	0
E	−69	70	0	−0.037 1	0.031 4	0

对于与非合作目标的非完全信息序贯博弈问题，基于纳什均衡策略，运用航天器轨道博弈策略实时规划方法，应对目标卫星行为，可获得最佳博弈策略。航天器在此初始状态下与空间目标相互博弈，其间，航天器为缩短与空间目标的距离，在 y 轴方向一直努力追赶，在 x 轴方向一开始缩减与目标的横向距离，在耗时 2 325 s 后最终追上目标。在此初始状态下航天器对空间目标的整个轨道博弈轨迹如图 6 - 22 所示。

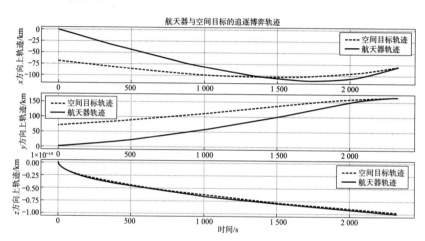

图 6 - 22　目标位于左前方时航天器与空间目标的轨道博弈

（2）目标位于右前方

当空间目标与航天器在同一轨道平面，位于航天器右前方时，航天器与空间目标的初始状态参数见表 6 - 13。

表 6 - 13　航天器与空间目标的初始状态（目标位于右前方）

	x /km	y /km	z /km	$\dot{x}$ /(km/s)	$\dot{y}$ /(km/s)	$\dot{z}$ /(km/s)
P	0	0	0	0.049 6	0.041 8	0
E	72	70	0	0.037 1	0.031 4	0

航天器在此初始状态下与空间目标相互博弈，航天器为缩短与空间目标的距离，在 y 轴方向一直努力追赶，在 x 轴方向同样也一

直努力追赶，其间由于空间目标的非合作行为使得博弈轨迹有交互波动现象，航天器在耗时 1 862 s 后顺利追上目标。在此初始状态下航天器对空间目标的整个轨道博弈轨迹如图 6 - 23 所示。

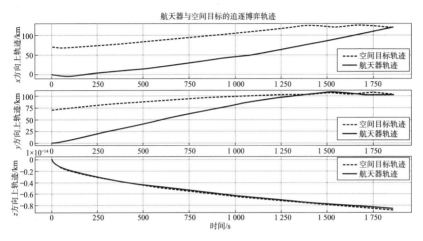

图 6 - 23　目标位于右前方时航天器与空间目标的轨道博弈

（3）目标位于高轨道

当空间目标与航天器位于不同轨道平面，空间目标轨位高于航天器时，航天器与空间目标的初始状态参数见表 6 - 14。

表 6 - 14　航天器与空间目标的初始状态（目标位于高轨道）

	x /km	y /km	z /km	$\dot{x}$ /(km/s)	$\dot{y}$ /(km/s)	$\dot{z}$ /(km/s)
P	0	0	0	0.049 6	0.041 8	0.027 8
E	50	60	22	0.037 1	0.031 4	0

航天器在此初始状态下与空间目标相互博弈，其间，航天器为缩短与空间目标的距离，在 y 轴方向一直努力追赶，在 x 轴方向尽可能缩减与目标的横向距离，并通过升轨达到与空间目标相近的轨道高度，最终耗时 1 986 s 后航天器追上目标。在此初始状态下航天器对空间目标的整个轨道博弈轨迹如图 6 - 24 所示。

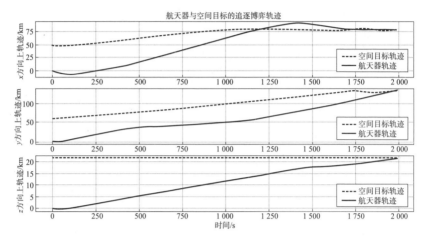

图 6 - 24 目标位于高轨道时航天器与空间目标的轨道博弈

（4）目标位于低轨道

当空间目标与航天器位于不同轨道平面，空间目标轨位低于航天器时，航天器与空间目标的初始状态参数见表 6 - 15。

表 6 - 15 **航天器与空间目标的初始状态（目标位于低轨道）**

	x /km	y /km	z /km	$\dot{x}$ /(km/s)	$\dot{y}$ /(km/s)	$\dot{z}$ /(km/s)
P	0	0	0	−0.049 6	0.041 8	−0.027 8
E	−67	69	−30	−0.037 1	0.031 4	0

航天器在此初始状态下与空间目标相互博弈，航天器为缩短与空间目标的距离，在 x 轴方向一直努力向目标逼近，在 y 轴方向一直努力追赶，并通过降低轨道高度持续向空间目标逼近，在耗时 2 853 s 后最终追上目标。在此初始状态下航天器对空间目标的整个轨道博弈轨迹如图 6 - 25 所示。

结论：本书所提出的航天器轨道博弈策略实时规划方法，面对空间目标的不同初始状态、完全未知行为以及非完全信息的序贯博弈过程，通过分支深度强化学习架构能够自主获得轨道博弈的纳什均衡策略，最终实现对空间目标的追踪交会。

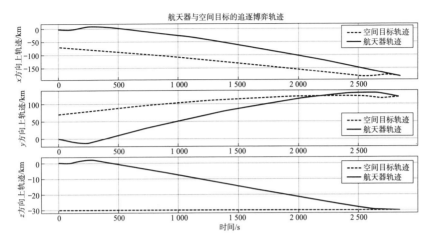

图 6-25　目标位于低轨道时航天器与空间目标的轨道博弈

6.4　本章小结

　　以在轨服务实验以及地面模拟训练应用需求为牵引,本章介绍了任务规划系统建设的基础、需求以及要点,明确了在轨服务任务规划系统的应用需求,设计了任务规划系统体系架构,构建了任务规划系统功能架构,实现了系统体系化、模块化、易操作、易扩展、易维护特性。以案例想定为背景,应用在轨服务任务规划系统,检验了在轨服务任务智能规划方法的可行性和有效性,满足在轨服务任务规划需求,可视化仿真效果良好,能为在轨实验或地面模拟训练提供有力支持。

第7章　展　望

7.1　本书主要工作

本书针对在轨服务任务面临的"非线性组合优化""多限制最短路径"和"连续动态交互"等学术难题，总体依照"提出问题—解析问题—提供方法—验证分析"的研究思路，重点对"复合服务模式目标分配""轨道规避路径规划"和"轨道博弈策略规划"等问题进行了深入研究。

7.1.1　研究了在轨服务任务规划需求与研究框架

针对任务规划要贯穿在轨服务全过程这一实际需求，为更好地处理这样一类持续周期较长、情况类型不均的任务规划问题，首先，概述在轨服务任务规划，界定相关概念，对在轨服务任务规划过程进行分析；其次，从时效性、可控性以及自主性方面进行了在轨服务任务规划需求分析，指出了任务规划将面临"供需数量不均""空间碎片袭扰"以及"非合作目标服务"难点问题；最后，结合一般求解思路，创新在轨服务全过程任务规划方法，探索运用智能方法来构建面向在轨服务全过程的任务规划研究框架，为在轨服务任务智能规划方法的形成奠定基础。

7.1.2　研究了复合服务模式下在轨目标分配方法

面对有限在轨力量采取复合服务模式，服务多个不同轨位、不同优先级空间目标的实际需求，首先，构建非线性组合优化模型，描述了复合服务模式下在轨目标分配问题；其次，为满足在轨服务目标分配问题特性，弥补经典方法奖励偏见和过估计问题，对 Deep Q Networks 方法进行了收敛性和稳定性改进；最后，追求执行效益和能耗效率的均衡发展，搭建了目标分配双向训练网络。通过案例分析检验了方法的适用性和对比优势。

针对目标众多分散而在轨服务力量有限这一现状，面对航天器在轨目标分配所呈现的"非线性组合优化"问题，提出了基于改进 Deep Q Networks 的目标分配求解算法。算法能够有效应对供需数量不均的不利影响，发挥复合服务模式优势，实现了执行效益与能耗效率的均衡发展，达到了较少力量投入、较高期望成功率的综合目标，可为在轨服务提供有效的辅助决策。与其他算法相比较，训练耗时平均缩短 80%，训练误差下降速率快一倍，执行效果在快速上升的同时波动更小，进一步改善了常规方法难以直接适用复合服务模式以及运算耗时较高的不足。

7.1.3　研究了航天器轨道临时规避路径规划方法

面对沿既定转移轨道飞行的航天器，为规避空间碎片需采取临时规划，获得最优规避路径的情况处置需求，首先，构建多限制最短路径模型，描述了面对空间碎片的轨道临时规避路径规划问题；其次，构建了基于 Frenet 的空间运动坐标系，能够兼顾沿转移轨道飞行的绝对运动和规避空间碎片的相对运动，解决了空间规避运动不易表示的难题；最后，改进人工势场函数、调整各势场作用区域，构建了以参考线牵引、远距点斥力忽略、障碍点引力减弱的综合势场模型，避免了传统人工势场法存在过早轨迹偏离以及局部振荡现象。通过案例分析检验了方法的适用性和对比优势。

针对空间碎片临时袭扰而规避不及时这一突出风险，面对航天器轨道临时规避所呈现的"多限制最短路径"问题，提出了基于 Frenet 和改进人工势场的路径生成算法。算法进一步解决了路径规划中航天器与既定转移轨道相对位置不易表述的难题，实现了空间规避运动的简便表示；避免了传统人工势场法存在过早轨迹偏离以及局部振荡现象，实现了对空间碎片的自主规避；能够同时考虑规避安全、燃料消耗、最小偏移以及制动时效因素，满足不同的规避需求与偏好。与其他算法相比较，平均耗时缩短 47%、路程节省 11%，进一步改善了常规方法难以同时满足不同规避偏好以及轨道兼顾性较弱的不足。

7.1.4　研究了航天器轨道博弈策略实时规划方法

面对航天器抵近空间目标，为应对非合作目标而采取实时规划，快速获取最优策略的情况处置需求，首先，构建序贯决策博弈模型，描述了航天器轨道博弈策略实时规划问题；其次，构建近地轨道航天器间的运动模型，给出了轨道博弈的纳什均衡策略，将在轨航天器间的轨道博弈问题转述为微分对策问题；再次，构建连续空间求解的模糊推理模型，实现了连续状态经由模糊推理再到连续行为输出的映射转换，有效避免了传统深度强化学习应对连续空间存在的维数灾难问题；最后，提出一种新的分支深度强化学习架构，实现了行为策略的分支训练与共享决策，避免了行为数量与映射规则的组合增长问题。通过案例分析检验了方法的适用性和对比优势。

针对非合作目标而均衡策略难获取这一突出风险，面对航天器轨道博弈所呈现的"连续动态交互"问题，提出了基于分支深度强化学习的博弈策略求解算法。算法实现了最优控制与博弈论的结合，提升了深度强化学习对离散行为的学习能力，进一步解决了微分对策模型高度非线性且难于利用经典最优控制理论进行求解的难题，可实时获取航天器轨道博弈的纳什均衡策略。与其他算法相比较，训练耗时平均缩减 90%，奖惩值增长速率加快 17% 且更为平稳，进一步改善了常规方法难以应对双边控制问题以及均衡策略收敛域较小的不足。

7.1.5　开展了在轨服务任务规划系统设计与应用

首先，以在轨服务实验以及地面模拟训练应用需求为牵引，研究了任务规划系统建设的基础、需求以及要点，明确了在轨服务任务规划系统的应用需求；然后，设计了任务规划系统体系架构，构建了任务规划系统功能架构，实现了系统体系化、模块化、易操作、易扩展、易维护特性；最后，以案例想定为背景，应用在轨服务任务规划系统，检验了在轨服务任务智能规划方法的可行性和有效性，满足在轨服务任务规划需求，可视化仿真效果良好，能为在轨实验或地面模拟训练提供有力支持。

7.2　研究展望

古往今来，创新必非易事，在轨服务相关研究以其涉及面广、理论创新难、科技含量高，造成相关研究的"高门槛"，令人望而生畏，甚至无形中放缓了祖国进入外空的步伐。本书针对在轨服务任务规划中的一些难题，介绍了复合服务模式目标分配方法、轨道规避路径规划方法和轨道博弈策略规划方法，但由于受知识储备所限，深感还有许多问题值得进一步研究与探索。

7.2.1　由简到繁，继续深入规划方法研究

"道生一，一生二，二生三，三生万物"。任何科学与技术的发展均遵循着由简到繁的过程。本书针对在轨服务任务规划问题进行了智能规划方法研究，从本质上进一步解决了"非线性组合优化""多限制最短路径"和"连续动态交互"等学术问题。然而，在轨服务任务规划问题却将一直处于不断向广度与深度的拓展，从现在的完全信息、一对一、单任务规划问题，到未来可期的不全性信息、多对多、协同多任务规划等问题，都清楚地反映了任务规划问题随着服务手段、航天技术的不断发展呈上升发展趋势。这种前进式、上升式的问题发展态势，势必对规划方法的运用产生重要的影响，需要在现有研究成果的基础上继续研究以应对更为复杂的情况，例如航天器将同时面对多方袭扰的规划问题；考虑更多的因素与条件，

例如多对一或多对多的航天器协同服务问题等。下一步，可以将现有的研究成果作为基石，结合未来实际规划任务的多样性需求，继续深入研究，相信在轨服务任务规划研究将会沿着这种螺旋上升之路，一步一步地不断发展与完善。

7.2.2　以点带面，促进相关技术协同发展

在轨服务任务智能规划方法研究中，运用到了航天领域的天体力学、轨道动力学等知识，运筹学领域的数学建模、最优化等方法，计算机领域的模拟仿真、软件开发等技术，深感这是一个多学科、多专业相融合的研究领域，缺一不可。这种情况，不仅决定了在轨服务任务智能规划的研究，需要经常从航天科学、运筹学以及计算机科学的新成就中吸取养分，将那些可以直接使用或通过移植、改造后使用的东西，转化为自身的内容；而且，也决定了在轨服务任务智能规划方法研究所获得的新成就，同样可供其他科学加以选择和利用。由此可见，继续深入开展在轨服务任务智能规划研究，并不仅仅是航天领域的事情，更能够以点带面促进多学科协同发展，产生更为广泛的影响及效益。

7.2.3　由运算到认知，探索智能化发展之路

在轨服务任务规划是一类典型的知识处理过程，其间将涉及多样的约束条件和众多的推理决策，本质上是适合利用人工智能技术加以解决的。本书虽对在轨服务任务智能规划方法进行了较为深入的研究与探索，但所提出的智能规划方法主要是运用智能方法解决若干在轨服务任务规划问题，是对未来智能化、无人化航天技术研究的一种尝试，仍然属于"运算智能"范畴，还未踏入能理解、会思考的"认知智能"阶段。未来，随着量子计算、类脑智能和类脑芯片等新兴技术的不断突破，智能规划技术势必在感知智能和认知智能方向取得重大进展，极大推动航天任务智能规划学术领域的创新发展，将为更深一步的研究奠定基础。

参 考 文 献

[1] 杨乐平.纵论太空 [M].北京：世界知识出版社，2017.

[2] 克劳塞维茨.战争论 [M].北京：军事科学出版社，2004.

[3] 武冠群.在轨服务航天器交会轨迹优化与近距离安全接近控制研究 [D].
哈尔滨：哈尔滨工业大学，2019.

[4] 胡晓峰，荣明.关于联合作战规划系统的几个问题 [J].指挥与控制学
报，2017，3（4）：273 - 280.

[5] 邢清华，范海雄.反导任务规划技术：基于案例推理 [M].北京：科学
出版社，2020.

[6] DANA NAV，MALIK G，PAOIO T.自动规划：理论和实践 [M].姜
云飞，杨强，凌应标，等译.北京：清华大学出版社，2008.

[7] 徐纬地.空间碎片移除能力发展，中国航天当前要务之一：空间环境治
理刍议 [J].空间碎片研究，2020，20（1）：10 - 16.

[8] 申麟，陈蓉，焉宁，等.空间碎片主动移除技术研究综述 [J].空间碎
片研究，2020，20（2）：1 - 6.

[9] 李明，龚自正，刘国青.空间碎片监测移除前沿技术与系统发展 [J].
科学通报，2018，63（25）：2570 - 2591.

[10] https：//www.nasa.gov/mission _ pages/station/news/orbital _
debris.html.

[11] 刘华伟，刘永健，谭春林，等.空间碎片移除的关键技术分析与建议
[J].航天器工程，2017，26（2）：105 - 113.

[12] 王雪瑶.国外在轨服务系统最新发展（上）[J].国际太空，2017（10）：
24 - 29.

[13] 苏飞，刘静，张耀，等.航天器面内机动规避最优脉冲分析 [J].系统
工程与电子技术，2018，40（12）：2782 - 2789.

[14] 陈海鹏.在轨加注：让航天器重焕新生 [N].中国航天报，2016 - 07 -
02（1）.

[15] 鲁宇，汪小卫，SACCOCCIA GIORGIO，等. 在轨加注站概念研究 [J]. 导弹与航天运载技术，2015（1）：1 - 7.

[16] 唐琼，焉宁，张烽. 国外在轨燃料加注站构型研究 [J]. 国际太空，2017（11）：60 - 64.

[17] 贾平. 国外在轨装配技术发展简析 [J]. 国际太空，2016（12）：61 - 64.

[18] 王雪瑶. 国外在轨服务系统最新发展（下）[J]. 国际太空，2017（11）：65 - 69.

[19] 黄旭星，李爽，孙盼，等. 人工智能在航天器制导与控制中的应用综述 [J]. 航空学报. https：//kns. cnki. net/kcms/detail/11. 1929. V. 2020 - 0708. 1512. 004. html.

[20] AMBROSE R，WILCOX B，REED B，et al. Robotics，tele - robotics and autonomous systems roadmap [R]. NASA，Technology Area 04，2012.

[21] 陈萌，肖余之，张涛. 空间服务与操控中的人工智能技术 [J]. 载人航天，2018，24（3）：285 - 291.

[22] HOLDREN J P，BRUCE A，FELTEN E，et al. The national artificial intelligence research and development strategic plan [R]. National Science and Technology Council，Networking and Information Technology Research and Development Subcommittee，2016.

[23] TETHERS. SL awards TUI contract for in - space manufacturing demo [EB/OL]. http：//www. tethers. com/index. html.

[24] TETHERS. DARPA awards TUI/firmamentum contract to develop "constructable" persistent GEO platform [EB/OL]. http：//www. tethers. com/index. html.

[25] WEISMULLER T，LEINZ M. GNC demonstrated by the orbital express autonomous rendezvous and capture sensor system [C]. In：Proceedings of the 29th Annual AAS Guidance and Control Conference. 2006：6 - 16.

[26] 蒙波，黄剑斌，李志，等. 美国高轨抵近操作卫星 MiTEx 飞行任务及启示 [J]. 航天器工程，2014（23）：112 - 118.

[27] MITCHELL I T，GORTON T B，TASKOV K，et al. GNC development of the XSS - 11 micro - satellite for autonomous rendezvous and proximity operations [C]. In：Proceedings of the 29th Annual AAS Guidance and Control Conference，2006：6 - 14.

［28］　RUMFORD　T. Demonstration　of　autonomous　rendezvous　technology
（DART）project summary［C］. In：Proceedings Volume 5088，Space
Systems Technology and Operations. Orlando，2003：10 - 19.

［29］　欧阳琦，赵勇，陈小前. 共面圆轨道航天器在轨服务任务规划［J］. 中
国空间科学技术，2010，30（1）：34 - 40.

［30］　袁利，黄煌. 空间飞行器智能自主控制技术现状与发展思考［J］. 空间
控制技术与应用，2019，45（4）：7 - 18.

［31］　许英杰. 面向卫星维修的在轨服务航天器任务规划方法研究［D］. 长沙：
国防科技大学，2018.

［32］　李勇君，黄卓，郭波. 武器-目标分配问题综述［J］. 兵工自动化，2009，
28（11）：1 - 4，9.

［33］　曹奇英，何张兵. WTA 问题的遗传算法研究［J］. 控制理论与应用，
2001，18（1）：76 - 79.

［34］　陈震. 卫星碰撞概率估计与规避策略设计研究［D］. 哈尔滨：哈尔滨工
业大学，2020.

［35］　CHEN L，ZHOU B Z，HAN L. An analytic method of collision detection
for active spacecrafts［C］. The 55th International Astronautical Congress，
Vancouver，Canada，2004.

［36］　白显宗. 空间目标轨道预报误差与碰撞概率问题研究［D］. 长沙：国防
科技大学，2013.

［37］　LAPORTE F，SASOT E. Operational management of collision risks for
LEO satellites at CNES［C］. AIAA 2008 - 3409. SpaceOps 2008
Conference，Heidelberg，Germany，2008，5.

［38］　AIDA S，KIRSCHNER M，WERMUTH M，et al. Collision avoidance
operations for LEO satellites controlled by GSOC［C］. AIAA 2010 -
2298. SpaceOps 2010 Conference，Huntsville，Alabama，2010，4.

［39］　MATSUDA I，HIROSE C，KUDO N. The JAXA conjunction assessment
process［C］. AIAA 2010 - 2039. SpaceOps 2010 Conference，Huntsville，
Alabama，2010，4.

［40］　WEISMULLER T，LEINZ M. GNC demonstrated by the orbital express
autonomous rendezvous and capture sensor system［C］. In：Proceedings
of the 29th Annual AAS Guidance and Control Conference. 2006：6 - 16.

[41] DESOUKY S F, SCHWARTZ H M. Self - learning fuzzy logic controllers for pursuitevasion differential games [J]. Robotics and Autonomous Systems, 2011 (59): 22 - 33.

[42] 朱林, 方胜良, 孙晓军, 等. 转发式干扰下卫星数据链效能分析与仿真 [J]. 电子信息对抗技术, 2014, 29 (3): 29 - 32.

[43] RICHARD A P. Modern Communications Jamming Principles and Techniques [M]. New York: Artech House Inc, 2011: 490 - 491.

[44] HESSEL M, MODAYIL J, VAN H H, et al. Rainbow: Combining improvements in deep reinforcement learning [J]. Association for the Advancement of Artificial Intelligence, 2017, 10 (6): 3215 - 3222.

[45] 王月娇, 马钟, 杨一岱, 等. 基于深度增强学习的卫星姿态控制方法 [J/OL]. 中国空间科学技术: 1 - 7 [2019 - 09 - 21]. http: //kns. cnki. net/kcms/det - ail/11. 1859. V. 20190428. 1714. 020. html.

[46] 罗海波, 许凌云, 惠斌, 等. 基于深度学习的目标跟踪方法研究现状与展望 [J]. 红外与激光工程, 2017, 46 (5): 14 - 20.

[47] 刘召, 许珂. 多波束卫星动态信道资源分配算法 [J]. 移动通信, 2019, 43 (5): 27 - 32.

[48] 王玮, 程树昌, 张玉芝. 基于遗传算法的一类武器-目标分配方法研究 [J]. 系统工程与电子技术, 2008, 30 (9): 1708 - 1711.

[49] 田文, 杨帆, 尹嘉男, 等. 航路时空资源分配的多目标优化方法 [J]. 交通运输工程学报, 2020, 20 (6): 218 - 226.

[50] 杨山亮, 黄健, 刘洋, 等. 基于遗传算法的联合火力 WTA 问题研究 [J]. 计算机仿真, 2012, 29 (3): 61 - 64.

[51] 常天庆, 白帆, 王钦钊. 解坦克分队武器-目标分配问题的小生境遗传算法 [J]. 装甲兵工程学院学报, 2012, 26 (1): 44 - 49.

[52] 王磊, 倪明放, 杨宽泗, 等. 用直接比较策略的组合混沌遗传算法求解武器目标分配问题 (英文) [J]. 系统仿真学报, 2014, 26 (1): 125 - 131.

[53] 陈思, 胡涛. 基于多目标优化遗传算法的武器-目标分配 [J]. 舰船电子工程, 2015 (7): 54 - 57.

[54] 刘振, 刘文彪. 岛舰一体化协同防空动态决策模型及求解算法 [J]. 指挥控制与仿真, 2019, 41 (1): 26 - 31.

[55] 闫玉铎. 应用改进遗传算法解决武器目标分配问题 [J]. 数字技术与应

用，2018，36 (10)：138 - 141.

[56] 黄国锐，李朋辉，丁俊香，等. 模糊优化理论的武器-目标分配模型及求解算法 [J]. 火力与指挥控制，2013，38 (1)：56 - 60.

[57] 武从猛，王公宝. 遗传-蚁群算法在目标分配问题中的应用研究 [J]. 兵工自动化，2014，33 (4)：8 - 12.

[58] 袁梅. 基于蚁群算法的 WTA 问题求解 [D]. 哈尔滨：哈尔滨工业大学，2007.

[59] 熊瑜. 改进蚁群算法在武器目标分配中的应用研究 [J]. 计算机与数字工程，2014，42 (3)：399 - 402.

[60] 崔莉莉. 改进蚁群算法在 WTA 问题中的研究与应用 [D]. 上海：上海交通大学，2011.

[61] 苏森，钱海，王煦法. 基于免疫记忆的蚁群算法的 WTA 问题求解 [J]. 计算机工程，2008，34 (4)：215 - 217.

[62] 高尚，杨静宇. 武器-目标分配问题的粒子群优化算法 [J]. 系统工程与电子技术，2005，27 (7)：1250 - 1252.

[63] 杨奇松，王顺宏，王然辉，等. 分阶段对地打击武器-目标分配建模与决策 [J]. 弹道学报，2017，29 (2)：90 - 96.

[64] CHEN H，LIU Z，SUN Y，et al. Particle Swarm Optimization Based on Genetic Operators for Sensor - Weapon - Target Assignment [C] //Fifth International Symposium on Computational Intelligence & Design. IEEE Computer Society，2012.

[65] 李欣然，樊永生. 求解武器目标分配问题的改进粒子群算法 [J]. 火力与指挥控制，2014，39 (12)：58 - 61.

[66] 张蛟，王中许，陈黎，等. 具有多次拦截时机的防空火力分配建模及其优化方法研究 [J]. 兵工学报，2014，35 (10)：1644 - 1650.

[67] 范成礼，邢清华，郑明发，等. 基于 IDPSO 的武器-目标分配优化算法 [J]. 系统工程与电子技术，2015，37 (2)：336 - 342.

[68] 刘爽英，韩燮. 一种求解武器-目标分配问题的量子粒子群算法 [J]. 计算机科学，2013，40 (2)：235 - 237.

[69] NG A，COATES A，DIEL M，et al. Autonomous inverted helicopter flight via reinforcement learning [C]. International Symposium on Experimental Robotic，2006：799 - 806.

[70]　朱啸宇，乔兵，张庆展，等．一种基于燃料站的可往返式在轨加注任务
　　　调度模型及优化算法［J］．工程科学与技术，2017，49（S2）：186-194.

[71]　肖海，刘新学，舒健生，等．多在轨服务飞行器目标分配问题研究［J］.
　　　计算机仿真，2017，34（1）：90-93，128.

[72]　ZHOU H，YAN Y，HUANG X，et al．Multi-objective planning of a
　　　multiple geostationary spacecraft refuelling mission［J］．Engineering
　　　Optimization，2017，49（3）：531-548.

[73]　刘冰雁，叶雄兵，周赤非，等．基于改进DQN的复合模式在轨服务资源
　　　分配［J］．航空学报，2020，41（5）：261-269.

[74]　谭迎龙，乔兵，朱啸宇，等．一种以燃耗为优化目标的航天器在轨加注
　　　作业调度［J］．载人航天，2018，24（2）：143-149.

[75]　陶孙杰，宋竹．一种测控数传一体化站网资源调度算法［J］．电讯技术，
　　　2018，58（7）：760-767.

[76]　李夏苗，陈新江，伍国华，等．考虑断点续传的中继卫星调度模型及启
　　　发式算法［J/OL］．航空学报：1-15［2019-09-21］．http：//
　　　kns．cnki．net/kcms/det-ail/11.1929.V.20190812.1640.002.html.

[77]　马硕，马亚平．基于分层聚类拍卖的集群UUV目标分配方法［J］．舰船
　　　科学技术，2019，41（9）：70-75.

[78]　李远．多UAV协同任务资源分配与编队轨迹优化方法研究［D］．长沙：
　　　国防科技大学，2011.

[79]　张煌．基于多传感器数据融合的无人车避障导航研究［D］．西安：西安
　　　工业大学，2015.

[80]　LIKHACHEV M，FERGUSON D．Planning long dynamically feasible
　　　maneuvers for autonomous vehicles［J］．The International Journal of
　　　Robotics Research，2009，28（8）：933-945.

[81]　王峰博，崔先国，丁琳，等．基于Dijkstra算法驾车导航路径研究与实现
　　　［J］．中国西部科技，2011，10（34）：26-28.

[82]　陈亚琳，庄丽阳，朱龙彪，等．基于改进Dijkstra算法的泊车系统路径
　　　规划研究［J］．现代制造工程，2017，2（8）：63-67.

[83]　马静，王佳斌，张雪．A*算法在无人车路径规划中的应用［J］．计算机
　　　技术与发展，2016，26（11）：153-156.

[84]　辛煌．无人驾驶车辆运动障碍物检测预测和避撞方法研究［D］．合肥：

中国科学技术大学，2014.

[85]   GUTJAHR B，LUTZ G，WERLING M. Lateral vehicle trajectory optimization using constrained linear time – varying MPC [J]. IEEE Transactions on Intelligent Transportation Systems，2017，18（6）：1586 – 1595.

[86]   吴玲玉，白国振，管登诗. 自动泊车的运动轨迹规划 [J]. 农业装备与车辆工程，2017，55（9）：85 – 89.

[87]   陈成，何玉庆，卜春光，等. 基于四阶贝塞尔曲线的无人车可行轨迹规划 [J]. 自动化学报，2015，41（3）：486 – 496.

[88]   余卓平，李奕姗，熊璐. 无人车运动规划算法综述 [J]. 同济大学学报（自然科学版），2017，45（8）：1150 – 1159.

[89]   冯来春. 基于引导域的参数化 RRT 无人驾驶车辆运动规划算法研究 [D]. 合肥：中国科学技术大学，2017.

[90]   丁家如，杜昌平，赵耀，等. 基于改进人工势场法的无人机路径规划算法 [J]. 计算机应用，2016，36（1）：287 – 290.

[91]   何仁珂，魏瑞轩，张启瑞，等. 基于拟态电势能的飞行器航路规划方法 [J]. 北京航空航天大学学报，2016，42（7）：1543 – 1549.

[92]   杨丽春，顾颖彦，白宇. 基于改进人工势场法的无人机在线航路规划算法 [J]. 电子技术应用，2018，44（4）：5 – 9，13.

[93]   尚璞. 旋翼无人机路径规划与自主避障控制系统研究 [D]. 西安：西安科技大学，2019.

[94]   程志，张志安，李金芝，等. 改进人工势场法的移动机器人路径规划 [J/OL]. 计算机工程与应用：1 – 6 [2019 – 11 – 26]. http：//kns. cnki. net/kcms/detail/11. 2127. tp. 2019 – 0624. 1809. 022. html.

[95]   贾正荣，王航宇，卢发兴. 基于障碍凸化的改进环流 APF 路径规划 [J]. 航空学报，2019，40（10）：254 – 268.

[96]   徐小强，王明勇，冒燕. 基于改进人工势场法的移动机器人路径规划 [J/OL]. 计算机应用. https：//kns. cnki. net/kcms/detail/51. 1307. TP. 20200731. 0944. 002. html.

[97]   HOWARD T，KELLY A. Optimal rough terrain trajectory generation for wheeled mobile robots [J]. The International Journal of Robotics Research，2007，26（2）：141 – 166.

[98] MONTEMERLO M，BECKER J，BHAT S，et al. Junior：The Stanford entry in the Urban Challenge [J]. Journal of Field Robotics，2008，25 (9)：569 - 597 (in Chinese).

[99] WERLING M，KAMMEL S，ZIEGLER J，et al. Optimal trajectories for time - critical street scenarios using discretized terminal manifolds [J]. The International Journal of Robotics Research，2012，31 (3)：346 - 359.

[100] 王威，陈慧岩，马建昊，等 . 基于 Frenet 坐标系和控制延时补偿的智能车辆路径跟踪 [J]. 兵工学报，2019，40 (11)：2336 - 2351.

[101] 龙翔，高建博，隗寒冰 . 一种自动驾驶汽车系统架构开发与测试验证 [J]. 重庆理工大学学报（自然科学），2019，33 (12)：45 - 54.

[102] 王沙晶 . 基于 Frenet 坐标系采样的自动驾驶轨迹规划算法研究 [D]. 兰州：兰州理工大学，2019.

[103] 赵宁宁，徐德民，高剑，等 . 基于 Serret - Frenet 坐标系的多 AUV 编队路径跟踪控制 [J]. 鱼雷技术，2015，23 (1)：35 - 39.

[104] DESOUKY S，SCHWARTZ H. Q（λ）- learning fuzzy logic controller for a multi - robot system [J]. In IEEE International Conference on Systems，Man and Cybernetics，2010 (10)：4075 - 4080.

[105] 严永锁 . 基于反馈-滑模策略的水面无人艇路径跟踪控制 [D]. 哈尔滨：哈尔滨工程大学，2019.

[106] 郭延宁，李传江，马广富 . 基于势函数法的航天器自主姿态机动控制 [J]. 航空学报，2011，32 (3)：457 - 464.

[107] 钱宇，徐敏，郭东，等 . 航天器短期规避路径规划研究 [J]. 飞行力学，2010，28 (5)：67 - 70.

[108] 姚党鼐，王振国 . 航天器在轨防碰撞自主规避策略 [J]. 国防科技大学学报，2012，34 (6)：100 - 103，110.

[109] SANG CHERL LEE，HAE DONG KIM. Collision avoidance maneuver planning using ga for leo and geo satellite maintained in keeping area [J]. International J. of Aeronautical & Space Sci，2012，13 (4)：474 - 483.

[110] 张景瑞，罗杨，张尧 . 基于改进势函数法的受约束航天器姿态机动控制 [J]. 清华大学学报（自然科学版），2013，53 (8)：1160 - 1165.

[111] LEE U，MESBAHI M. Feedback control for spacecraft reorientation under attitude constraints via convex potentials [J]. Aerospace and Electronic

Systems, IEEE Transactions on, 2014, 50 (4): 2578 - 2592.

[112] 缪远明, 潘腾. 规避姿态禁区的航天器姿态机动路径规划 [J]. 航天器工程, 2015, 24 (4): 33 - 37.

[113] HU Q, DONG H, ZHANG Y, et al. Tracking control of spacecraft formation flying with collision avoidance [J]. Aerospace Science and Technology, 2015 (42): 353 - 364.

[114] 于大腾, 王华, 孙福煜. 考虑潜在威胁区的航天器最优规避机动策略 [J]. 航空学报, 2017, 38 (1): 286 - 294.

[115] DONG H, HU Q, AKELLA M R. Safety control for spacecraft autonomous rendezvous and docking under motion constraints [J]. Journal of Guidance, Control, and Dynamics, 2017, 40 (7): 1 - 14.

[116] 苏飞, 刘静, 张耀, 等. 基于最优脉冲的面内机动规避策略 [J]. 空间碎片研究, 2018, 18 (3): 34 - 41.

[117] 范世鹏, 吴广, 王亮, 等. 基于改进人工势场法的飞行器轨迹规划 [J]. 航天控制, 2018, 36 (1): 50 - 54.

[118] SHEN Q, YUE C, GOH C H, et al. Rigid - body attitude stabilization with attitude and angular rate constraints [J]. Automatica, 2018 (90): 157 - 163.

[119] 李皓皓, 张进, 罗亚中. 基于机动目标滤波估计的航天器主动规避策略 [J]. 力学学报, 2020, 52 (6): 1560 - 1568.

[120] 云朝明, 胡敏, 宋庆雷, 等. 巨型低轨星座安全性研究及其规避机动策略综述 [J]. 空间碎片研究, 2020, 20 (3): 17 - 23.

[121] 王国刚, 戴路, 徐开, 等. 多约束下小卫星的能量最优主动碰撞规避控制 [J]. 航天控制, 2020, 38 (3): 17 - 24.

[122] CARMEN PARDINI, LUCIANO ANSELMO. Environmental sustainability of large satellite constellations in low earth orbit [J]. Acta Astronautica, 2020 (170): 27 - 36.

[123] 钱杏芳, 林瑞雄, 赵亚男. 导弹飞行力学 [M]. 北京: 北京理工大学出版社, 2006.

[124] 李超勇. TBM拦截器制导与控制若干问题研究 [D]. 哈尔滨: 哈尔滨工业大学, 2008.

[125] 刘延芳. 基于微分对策理论的拦截导弹末端制导律研究 [D]. 哈尔滨:

哈尔滨工业大学，2014.

[126] 罗亚中，李振瑜，祝海. 航天器轨道追逃微分对策研究综述 [J/OL]. 中国科学：技术科学：1 - 13 [2020 - 07 - 26]. http：//kns. cnki. net/kcms/detail/11. 5844. TH. 20200511. 1021. 002. html.

[127] 孙松涛. 近地轨道上两航天器追逃对策及数值求解方法研究 [D]. 哈尔滨：哈尔滨工业大学，2015.

[128] 张浩，张奕群，张鹏飞. 拦截主动防御目标的微分对策制导律 [J/OL]. 系统工程与电子技术：1 - 14 [2021 - 02 - 03]. http：//kns. cnki. net/kcms/detail/11. 2422. TN. 20210112. 1311. 004. html.

[129] 郭志强，孙启龙，周绍磊，等. 主动防御飞行器的范数型微分对策制导律 [J]. 北京航空航天大学学报，2019，45 (9)：1787 - 1796.

[130] 郭志强，周绍磊，于运治. 拦截机动目标的范数型协同微分对策制导律 [J]. 计算机仿真，2020，37 (3)：23 - 26.

[131] 李一夫，宋贵宝，贾汝娜，等. 基于微分对策的多型反舰导弹火力优化模型 [J]. 火力与指挥控制，2019，44 (11)：121 - 126.

[132] 屈香菊. 直接多重打靶法在轨迹优化方面的应用 [J]. 飞行力学，1992，10 (1)：1321.

[133] 王华，唐国金，雷勇军. 有限推力轨迹优化问题的直接打靶法研究 [J]. 中国空间科学技术，2003，23 (5)：51 - 56.

[134] 冯浩阳，岳晓奎，汪雪川. 大范围收敛的摄动 Lambert 问题新型解法：拟线性化-局部变分迭代法 [J]. 航空学报，2021，42 (X)：324699.

[135] 彭坤，彭睿，黄震，等. 求解最优月球软着陆轨道的隐式打靶法 [J]. 航空学报，2019，40 (7)：159 - 167.

[136] 张秋华，孙松涛，谌颖，等. 时间固定的两航天器追逃策略及数值求解 [J]. 宇航学报，2014，35 (5)：537 - 544.

[137] 彭祺擎，李海阳，沈红新，等. 基于 Gauss 伪谱法和直接打靶法结合的月球定点着陆轨道优化 [J]. 国防科技大学学报，2012，34 (2)：119 - 124.

[138] 廖一寰，李道奎，唐国金. 基于混合规划策略的空间机械臂运动规划研究 [J]. 宇航学报，2011，32 (1)：98 - 103.

[139] 张子雄. 小推力航天器高低轨飞行规划方法研究及仿真 [D]. 太原：中北大学，2020.

[140] 李龙跃，刘付显，史向峰，等．导弹攻防对抗中追逃对策模型与配点求解法 [J]．系统工程与电子技术，2016，38（5）：1067 - 1073．

[141] 李龙跃，刘付显，史向峰，等．导弹追逃博弈微分对策建模与求解 [J]．系统工程理论与实践，2016，36（8）：2161 - 2168．

[142] SHIMA T. Optimal cooperative pursuit and evasion strategies against a homing missile [J]. Journal of Guidance, Control and Dymamics, 2011, 34 (2)：414 - 425.

[143] 于江龙，董希旺，李清东，等．基于微分对策的拦截机动目标协同制导方法 [J]．指挥与控制学报，2020，6（3）：217 - 222．

[144] 赵吉松．求解轨迹优化问题的局部配点法的稀疏性研究 [J]．宇航学报，2017，38（12）：1263 - 1272．

[145] 薛国号，陈巧玉，许银胜，等．基于直接配点法的智能汽车避障路径规划研究 [J]．机械与电子，2020，38（8）：7 - 11，16．

[146] 朱盈璇，赵克刚，叶杰，等．基于配点法的智能车实时轨迹跟踪研究 [J]．机床与液压，2020，48（11）：150 - 154．

[147] RAUWOLF G A, COVERSTONE C. Near - optimal low - thrust orbit transfers generated by a genetic algorithm [J]. Journal of Spacecraft and Rockets, 1996, 33 (6)：859 - 862.

[148] COVERSTONE CARROLL, VICTORIA. Near - optimal low - thrust trajectories via micro - genetic algorithms [J]. Journal of Guidance, Control, and Dynamics, 1971, 20 (1)：196 - 198.

[149] LARRY D D, MENOM K K. Low - thrust orbit transfer optimization using genetic search [C]. AIAA Paper, 1999：1999 - 4151.

[150] CHEN G, WAN Z, HU Y, et al. Genetic algorithm optimization of RLV reentry trajectory [J]. Systems Engineering and Electronics, 2006, 28 (8)：1240 - 1243.

[151] KUMAR G N, PENCHALAIAH D, SARKAR A K, et al. Hypersonic boost glide vehicle trajectory optimization using genetic algorithm [J]. IFAC - PapersOnLine, 2018, 51 (1)：118 - 123.

[152] 曾国强，郗晓宁，任萱．月球卫星最优小推力变轨研究 [J]．天文学报，2000，41（3）：289 - 299．

[153] 王劼，李俊峰，崔乃刚，等．登月飞行器软着陆轨道的遗传算法优化

[J]. 清华大学学报（自然科学版），2003，43（8）：1056-1059.

[154] QINGZHEN Z, CUNJIA L, BO Y, et al. Reentry trajectory planning optimization based on ant colony algorithm [J]. IEEE International Conference Robotics and Biomimetics，2008.

[155] 谢磊，张洪波，周祥，等 . 基于组合算法的运载火箭一子级动力垂直回收轨迹规划 [J]. 控制与信息技术，2019（4）：79-84.

[156] OZAN, TEKINALP, MUGE, et al. Simulated annealing for missile optimization：developing method and formulation techniques [J]. Journal of Guidance，Control，and Dynamics，2004.

[157] 王银，姚克明，陆宇平 . 基于神经网络动态优化的再入轨迹设计 [J]. 系统工程与电子技术，2015，37（10）：2347-2351.

[158] 程林，蒋方华，李俊峰 . 深度学习在飞行器动力学与控制中的应用研究综述 [J]. 力学与实践，2020，2（3）：267-276.

[159] BARRON E N, EVANS C L, JENSEN R. Viscosity Solutions of Isaacs' Equations and Differential Games with Lipschitz Controls [J]. Journal of Differential Equations，1984，53（2）：213-233.

[160] TAKAGI T, SUGENO M. Fuzzy identifcation of systems and its applications to modelling ad control [J]. IEEE Transactions on Systems. Man and Cyberetics，1985，15：116-132.

[161] 李学辉 . 航天器轨道构型和自主交会对接控制方法研究 [D]. 哈尔滨：哈尔滨工业大学，2018.

[162] JANG J S R, SUN C T. Neuro - fuzzy and soft computing：a computational approach to learning and machine intelligence [M]. New Jersey：Prentice - Hall，Inc.，1997.

[163] 高鹏，罗建军 . 航天器规避动态障碍物的自适应人工势函数制导 [J]. 中国空间科学技术，2012，32（5）：1-8.

[164] 曾祥鑫 . 自由漂浮空间机器人路径规划及控制方法研究 [D]. 哈尔滨：哈尔滨工业大学，2018.

[165] 常燕，陈韵，鲜勇，等 . 机动目标的空间交会微分对策制导方法 [J]. 宇航学报，2016，37（7）：795-801.

[166] 刘冰雁，叶雄兵，高勇，等 . 基于分支深度强化学习的非合作目标追逃博弈策略求解 [J]. 航空学报，2020，41（10）：348-358.

［167］ FRIEDMAN A. Differential games ［M］. Rhode Island： American Mathematical Society，1974.

［168］ DICKMANNS E，WELL K. Approximate solution of optimal control problems using third order hermite polynomial functions ［C］. Optimization Techniques IFIP Technical Conference，Novosibirsk，July 1 - 7，1974.

［169］ 王强，叶东，范宁军，等. 基于零控脱靶量的卫星末端追逃控制方法 ［J］. 北京理工大学学报，2016，36（11）：1171 - 1176.

［170］ MATIGNON L，LAURENT G J，Le Fort Piat. Independent reinforcement learners in cooperative markov games：A survey regarding coordination problems ［J］. The Knowledge Engineering Review，2012，27（1）：1 - 31.

［171］ 祝海，罗亚中，张进. 航天器追逃微分对策界栅解析构造方法 ［C］. 第五届全国航天动力学与控制学术会议，2017：1.

［172］ 祝海. 基于微分对策的航天器轨道追逃最优控制策略 ［D］. 长沙：国防科技大学，2017.

［173］ 吴其昌，张洪波. 基于生存型微分对策的航天器追逃策略及数值求解 ［J］. 控制与信息技术，2019（4）：39 - 43.

［174］ 孙松涛，祝强军，宋斌. 基于 CW 方程的航天器追逃问题半直接求解方法 ［J］. 上海航天，2019，36（3）：69 - 75.

［175］ SUN S T，ZHANG Q H. Numerical solution of a pursuit - evasion differential game involving two spacecraft in low earth orbit ［J］. Journal of Industrial and Management Optimization，2015，11（4）：1127 - 1147.

［176］ SUN S T，ZHANG Q H，CHEN Y. Numerical solution for a class of pursuit - evasion problem in low earth orbit ［C］. 2013，9th Asian Control Conference，Istanbul，Turkey.

［177］ 郝志伟，孙松涛，张秋华，等. 半直接配点法在航天器追逃问题求解中的应用 ［J］. 宇航学报，2019，40（6）：628 - 635.

［178］ 赵琳，周俊峰，刘源，等. 三维空间"追-逃-防"三方微分对策方法 ［J］. 系统工程与电子技术，2019，41（2）：322 - 335.

［179］ 王淳宝，叶东，孙兆伟，等. 航天器末端拦截自适应博弈策略 ［J］. 宇航学报，2020，41（3）：309 - 318.

[180]　SCHWARTZ　H　M. Multi － agent　machine　learning：a　reinforcement approach [M]. Canada：John Wiley & Sons, Inc, 2014.

[181]　王雨琪，宁国栋，王晓峰，等．基于微分对策的临近空间飞行器机动突防策略 [J]．航空学报，2020，41（S2）：69 － 78．

[182]　CHRISTOPHER J C H, Watkins, Peter Dayan. Qlearning [J]. Machine Learning, 1992（3）：279 － 292.

[183]　陈燕妮．基于微分对策的有限时间自适应动态规划制导研究 [D]．南京：南京航空航天大学，2019．

[184]　曹雷．基于深度强化学习的智能博弈对抗关键技术 [J]．指挥信息系统与技术，2019，10（5）：1 － 7．

[185]　CHENG Y, SUN Z J, HUANG Y X, et al. Fuzzy categorical deep reinforcement learning of a defensive game for an unmanned surface vessel [J]. International Journal of Fuzzy Systems, 2019, 21（2）：592 － 606.

[186]　LIU B Y, YE X B, GAO Y, et al. Forward － looking imaginative planning framework combined with prioritized replay double DQN [C]. International Conferenceon Control, Automation and Robotics, 2019, 4：336 － 341.

[187]　吴晓光，刘绍维，杨磊，等．基于深度强化学习的双足机器人斜坡步态控制方法 [J/OL]．自动化学报：1 － 13 [2020 － 02 － 28]. https：// doi. org/10. 16383/j. aas. c190547.

[188]　张淑琴，王忠贵，冉隆燧．空间交会对接测量技术及工程应用 [M]．北京：中国宇航出版社，2005．

[189]　李革非．交会对接轨道控制规划 [M]．北京：国防工业出版社，2016．

[190]　罗亚中，张进，朱阅訸．空间站运营任务规划 [M]．北京：国防工业出版社，2020．

[191]　袁建平，侯建文，安效民，等．航天器对抗轨道动力学 [M]．北京：中国宇航出版社，2014．

[192]　布洛克利，史维．航空航天科技出版工程（5）：动力学与控制 [M]．江驹，周建江，韩潮，等译．北京：北京理工大学出版社，2016．

[193]　李浩，范翔宇，金宏斌，等．基于群体智能的无人机集群作战任务规划研究 [M]．北京：国防工业出版社，2019．

[194]　RICHARD S SUTTON, ANDREW G BARTO. 强化学习 [M]．2 版．俞凯，等译．北京：电子工业出版社，2019．

[195] 赵瑞安. 空间武器轨道设计 [M]. 2 版. 俞凯，等译. 北京：中国宇航出版社，2008.

[196] 刘林. 卫星轨道力学算法 [M]. 南京：南京大学出版社，2019.

[197] 程国采. 航天飞行器最优控制理论与方法 [M]. 北京：国防工业出版社，1999.

[198] 袁建平，赵育善，唐歌实. 航天器深空飞行轨道设计 [M]. 北京：中国宇航出版社，2014.

[199] 唐金国，罗亚中，雍恩米. 航天器轨迹优化理论、方法及应用 [M]. 北京：科学出版社，2012.

[200] 刘冰雁，于鸿源，马心意，等. 航天飞行器在共面多轨道间的机动规划方法研究 [J]. 动力学与控制学报，2021，19（4）：81-88.

[201] 张洪波. 航天器轨道力学理论与方法 [M]. 北京：国防工业出版社，2015.

[202] 王大珩，王淦昌，杨嘉墀. 高技术词典 [M]. 北京：清华大学出版社，科学出版社，2000.

[203] 袁建平，和兴锁. 航天器轨道机动动力学 [M]. 北京：中国宇航出版社，2010.

[204] 陈超，徐元子，程光权，等. 军事任务计划建模与优化方法 [M]. 北京：国防工业出版社，2019.

[205] 纳什，沙普利，海萨尼，等. 博弈论经典 [M]. 北京：中国人民大学出版社，2013.

[206] 孟雅哲. 航天器燃耗最优轨道直接/间接混合法延拓求解 [J]. 航空学报，2017，38（1）：264-285.

[207] ZHU HAO，TIAN HUI，CAI G B，et al. Uncertainty analysis and design optimization of hybrid rocket motor powered vehicle for suborbital flight [J]. Chinese Journal of Aeronautics，2015，28（3）：676-686.

[208] JEAN - MARC SALOTTI. Robust，affordable，semi - direct Mars mission [J]. Acta Astronautica，2016，127（2016）：235-248.

[209] 张育林. 分布式卫星系统理论及应用 [M]. 北京：科学出版社，2008：28-32.

[210] WANG H Y，ZHAO G W，HUANG H，et al. Equilibrium and station - keeping efficiency of cross - track multi - satellite arrays using a micro -

electromagnetic formation flight [J]. Proc. IMechE Par tG：JAerospace Engineering，2014，228 (11)：1937 - 1953.

[211] 王灏宇，侯晓庚. 对空间碎片近距随遇悬停的控制方法及悬停燃耗分析 [J]. 中国空间科学技术，2020，40 (1)：27 - 36.

[212] 陈小刚，吴志林，高宇. 基于能量的天基拦截轨道设计与优化 [J]. 计算机仿真，2012，29 (5)：59 - 63.

[213] LILLICRAP T P，HUNT J J，PRITZEL A，et al. Continuous control with deep reinforcement learning [C]. In International Conference on Learning Representations，2016.

[214] 张宪超. 深度学习 [M]. 北京：科学出版社，2019.

[215] WANG Z，SCHAUL T，HESSEL M，et al. Dueling network architectures for deep reinforcement learning [J]. Association for the Advancement of Artificial Intelligence ，2016，4 (5)：1998 - 2003.

[216] 冯超. 强化学习精要核心算法与 TensorFlow 实现 [M]. 北京：电子工业出版社，2018.

[217] VAN H H，GUEZ A，SILVER D. Deep reinforcement learning with Double Q - learning [C]. Proceedings of the Thirtieth AAAI Conference on Artificial Intelligence，2016，2094 - 2100.

[218] RICHARD S S，ANDREW G B. Reinforcement Learning：An Introduction [M]. second edition. London：The MIT Press，2018.

[219] BA J，MNIH V，KAVUKCUOGLU K. Multiple object recognition with visual attention [C]. In ICLR，2015.

[220] MNIH V，KAVUKCUOGLU K，SILVER D，et al. Human - level control through deep reinforcement learning [J]. Nature，2015，518 (7540)：529 - 533.

[221] WANG L X. A Course in Fuzzy Systems and Control [M]. New Jersey：Prentice - Hall，Inc. ，1997.

[222] 丁凡，韩炜. 武器目标分配问题的优化算法综述 [C]. 航空装备服务保障与维修技术论坛暨中国航空工业技术装备工程协会年会本书集，2019.

[223] 李金哲，王磊. 航天器分布式智能计算体系的数学建模与调度算法研究 [J]. 空间控制技术与应用，2019，45 (6)：38 - 46.

[224] 顾中舜. 中继卫星动态调度问题建模及优化技术研究 [D]. 长沙：国防

科技大学，2008.

[225] SHEN H. Optimal scheduling for satellite refuelling in circular orbits [D]. Georgia：Georgia Institute of Technology，2003.

[226] LOXTON R，TEO K L，REHBOCK V，et al. Optimal Control Problems with a Continuous Inequality Constraint on the State and the Control [J]. Automatica，2009，45（10）：2250 - 2257.

[227] 朱啸宇. 基于空间燃料站的圆轨道航天器在轨加注服务调度算法 [D]. 南京：南京航空航天大学，2017.

[228] 余婧. 航天器在轨服务任务规划技术研究 [D]. 长沙：国防科技大学，2015.

[229] 赵琳，王硕，郝勇，等. 基于能量最优的敏捷遥感卫星在轨任务规划 [J]. 航空学报，2017，38（6）：207 - 225.

[230] 刘冰雁，叶雄兵，方胜良，等. 基于 Frenet 和改进人工势场的在轨规避路径自主规划 [J]. 北京航空航天大学学报，2021，47（4）：731 - 741.

[231] ENGWERDA J. Algorithms for computing Nash equilibria indeterministic LQ games [J] Computational Management Science，2007，4（2）：113 - 140.

[232] DAI X，LI C，RAD A. An approach to tune fuzzy contorllers based on reinforcement learning for autonomous vehicle control [J]. IEEE Transactions on Intelligent Transportation Systems，2005，6（3）：285 - 293.

[233] 于大腾. 航天器反交会规避机动方法研究 [D]. 长沙：国防科技大学，2013.

[234] JURE BAJIĆ，MARIJAN HERCEG，IVAN REŠETAR，et al. Trajectory planning for autonomous vehicle using digital map [J]. 2019 Zooming Innovation in Consumer Technologies Conference（ZINC），2019，7.25.

[235] FASSBENDER D，HEINRICH B C，WUENSCHE H T. Motion Planning for Autonomous Vehicles in Highly Constrained Urban Environments [J]. International Conference on Intelligent Robots and Systems（IROS），2016，4708 - 4713.

[236] DINEEN S. Multivariate calculus and geometry [M]. New York：Springer，2001.

[237] 张晴. Frenet 框架下的公路几何线形空间特性 [D]. 长沙：中南大

学，2014.

[238] ROSS T J. Fuzzy Logic with Engineering Applications [M]. The United States of America：John Wiley & Sons，Ltd，2010.

[239] WERLING M，ZIEGLER J，SÖREN K，et al. Optimal trajectory generation for dynamic street scenarios in a Frenét Frame [J]. IEEE International Conference on Robotics & Automation，2010，4 (5)：5-6.

[240] 张玉. 自动驾驶车辆混合运动规划研究 [D]. 北京：北京理工大学，2018.

[241] 王沙晶. 陈建业. 基于 Frenet 坐标系的智能车运动规划研究 [J]. 移动电源与车辆，2019 (1)：22-29.

[242] 张相宇. 特定推力方向约束下的航天器轨道最优控制问题研究 [D]. 哈尔滨：哈尔滨工业大学，2016.

[243] 崔红正，刘文玲，唐歌实，等. 不同推力下的非合作空间目标轨道机动检测 [J]. 宇航学报，2016，37 (3)：253-261.

[244] 张晨，赵育善. 混合推进最省燃料轨道设计方法 [J]. 宇航学报，2015，36 (8)：869-876.

[245] 周婷. 空间交会接近段联合机动及燃料优化问题研究 [D]. 北京：清华大学，2010.

[246] 刘冰雁，叶雄兵，王新波，等. 基于改进人工势场的无人地面车辆路径规避算法 [J]. 中国惯性技术学报，2020，28 (6)：769-777.

[247] KHATIB O. Real-time obstacle avoidance for manipulators and mobile robots [J]. The international journal of robotics research，1986，5 (1)：90-98.

[248] 范世鹏，祁琪，路坤锋，等. 基于改进人工势场法的巡航导弹自主避障技术 [J]. 北京理工大学学报，2018，38 (8)：828-834.

[249] 王文彬，秦小林，张力戈，等. 基于滚动时域的无人机动态航迹规划 [J]. 智能系统学报，2018，13 (4)：524-533.

[250] HUANG Z C，WU Q，MA J，et al. An APF and MPC combined collaborative driving controller using vehicular communication technologies [J]. Chaos，Solitons & Fractals，2016 (89)：232-242.

[251] JÜRGEN FRANKE，WOLFGANG KARL HÄRDLE，HAFNER C M. Neural Networks and Deep Learning [M]. Verlag：Springer，Statistics of Financial Markets，2019.

[252] TAKAHASHI A，HONGO T，NINOMIYA Y，et al. Local path planning and motion control for AGV in positioning ［C］. The Autonomous Mobile Robots and Its Applications. IROS' 89. 1989，392 - 397.

[253] DIJKSTRA E W. A note on two problems in connexion with graphs ［J］. Numerische Mathematik，1959，1 (1)：269 - 271.

[254] 吴红波，王英杰，杨肖肖 . 基于 Dijkstra 算法优化的城市交通路径分析 ［J］. 北京交通大学学报，2019，43 (4)：116 - 121，130.

[255] CHEN Y，HE Z，LI S L. Horizon - based lazy optimal RRT for fast，efficient replanning in dynamic environment ［J］. Autonomous Robots，2019，43 (8)：2271 - 2292.

[256] 张菁，何友，彭应宁，等 . 基于神经网络和人工势场的协同博弈路径规划 ［J］. 航空学报，2019，40 (3)：322493.

[257] 于大腾，王华，周晚萌 . 考虑空间几何关系的反交会规避机动方法 ［J］. 国防科技大学学报，2016 (38)：89 - 94.

[258] 张维迎 . 博弈与社会 ［M］. 北京：北京大学出版社，2018.

[259] HAO Z W，SUN S T，ZHANG Q H，et al. Application of Semi - Direct Collocation method for solving pur - suit - evasion problems of spacecraft ［J］. Journal of Astronautics，2019，40 (6)：628 - 635.

[260] ISAACS R. Differential games ［M］. New York：Wiley，1965.

[261] 马忠贵 . 博弈论及其在无线通信网中的应用 ［M］. 北京：国防工业出版社，2015.

[262] 刘冰雁，叶雄兵，岳智宏，等 . 基于多组并行深度 Q 网络的连续空间追逃博弈算法 ［J］. 兵工学报，2021，42 (3)：663 - 672.

[263] 柴源，罗建军，王明明，等 . 基于追逃博弈的空间目标接近控制 ［J］. 宇航总体技术，2020，4 (1)：30 - 38.

[264] CRANDALL M G，EVANS L C，LIONS P L. Some Properties of Viscosity Solutions of Hamilton - Jacobi Equations ［J］. Transactions of the American Mathematical Society，1984，282 (2)：487 - 502.

[265] MARTIN L P. Markov Decision Processes：Discrete Stochastic Dynamic Programming ［M］. New York：John Wiley & Sons，1994.

[266] EVANS L C. Partial Differential Equations ［M］. Providence：American Mathematical Society，1998.

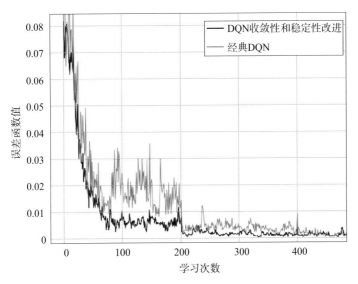

图 3 - 19　两种方法的误差函数值对比（P108）

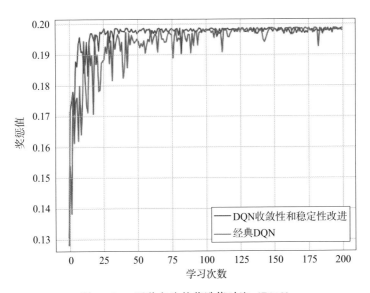

图 3 - 20　两种方法的奖励值对比（P108）

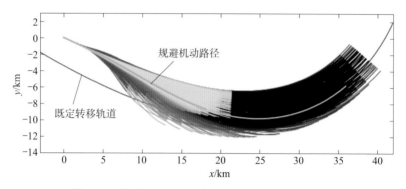

图 4 - 4　轨道规避路径的加速度变化率曲线（P124）

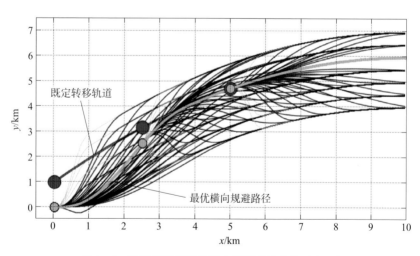

图 4 - 5　轨道规避路径的横向偏移变化曲线（P125）

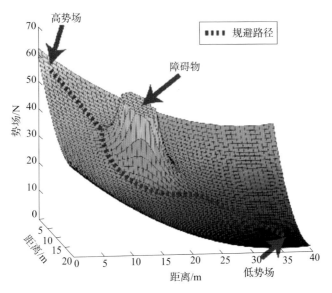

图 4-7　人工势场规避路径示意图（P129）

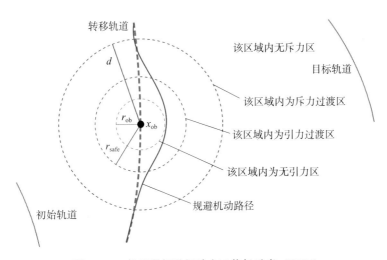

图 4-12　航天器规避机动人工势场示意（P135）

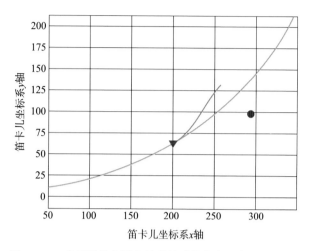

图 4-13 航天器驶离既定转移轨道的仿真示意图 （P143）

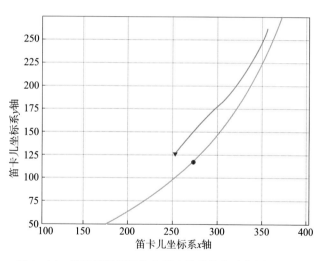

图 4-14 航天器顺利规避空间碎片的仿真示意图 （P143）

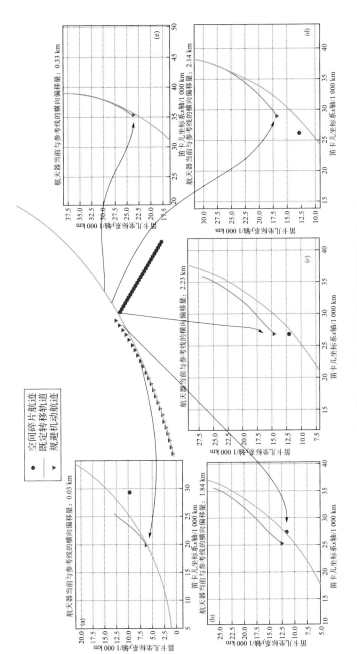

图 4-15 航天器规避空间碎片整体仿真效果图（P144）

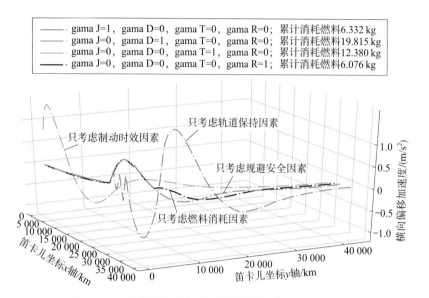

图 4-16 单目标优化方式下的横向偏移加速度 (P145)

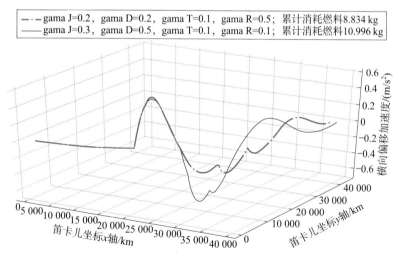

图 4-17 多目标优化方式下的横向偏移加速度 (P147)

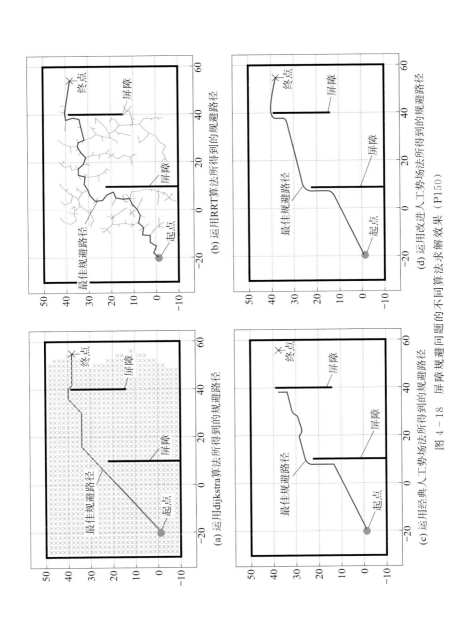

(a) 运用dijkstra算法所得到的规避路径

(b) 运用RRT算法所得到的规避路径

(c) 运用经典人工势场法所得到的规避路径

(d) 运用改进人工势场法所得到的规避路径 (P150)

图 4-18 障碍规避问题的不同算法求解效果

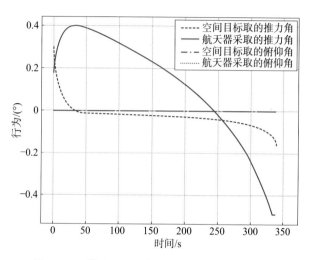

图 5-11 学习 1 000 次后的行为控制量（P183）

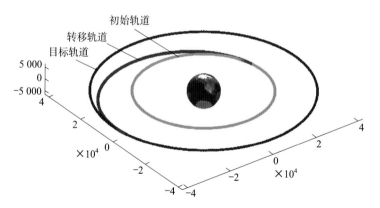

图 6-7 航天器 1 至目标的共面转移轨道（P205）

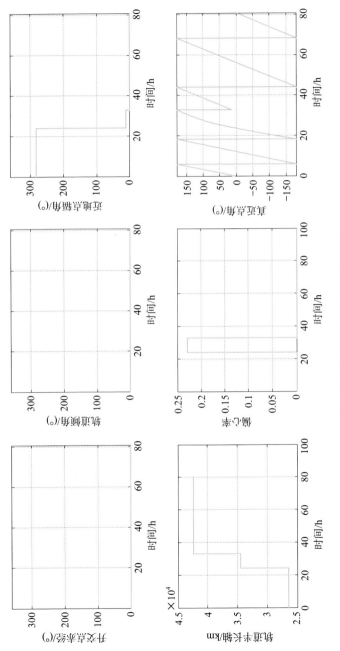

图 6 - 8　共面转移轨道的轨道根数变化情况（P206）

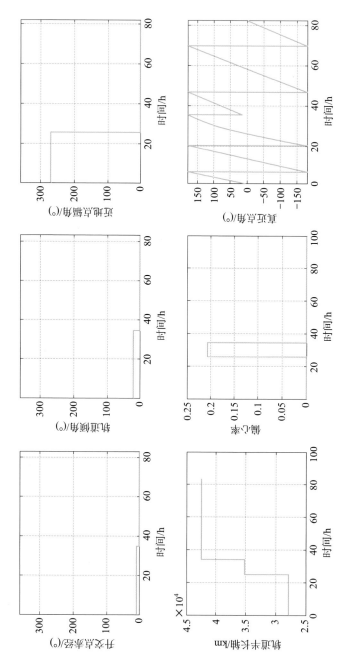

图 6 - 10 非共面转移轨道的轨道根数变化情况（P210）

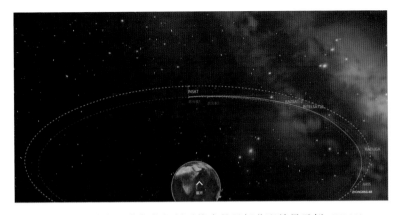

图 6-11　在轨服务任务规划系统中的目标分配效果示例（P212）

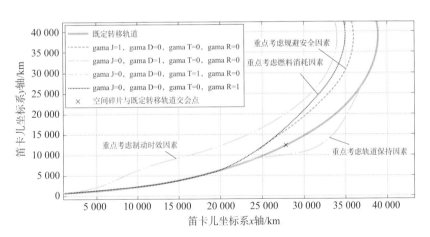

图 6-16　单因素偏好下的航天器最优规避路径（P215）

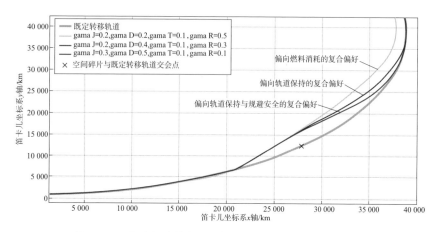

图 6-20　复合因素偏好下的航天器最优规避路径（P218）

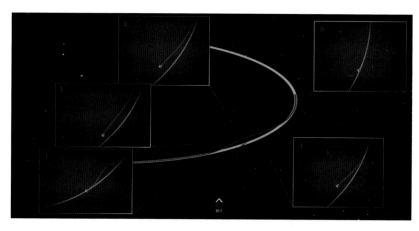

图 6-21　在轨服务任务规划系统中的轨道规避效果示例（P219）